数学モデルを作って楽しく学ぼう

新 Excel
コンピュータシミュレーション

三井和男 著

森北出版株式会社

ダウンロードのご案内

本書におけるシミュレーションのサンプルデータと Excel 2010 での使い方は，下記 URL をご参照ください．

http://www.morikita.co.jp/soft/84871/

● 本書のサポート情報を当社Webサイトに掲載する場合があります．下記のURLにアクセスし，サポートの案内をご覧ください．

https://www.morikita.co.jp/support/

● 本書の内容に関するご質問は，森北出版 出版部「(書名を明記)」係宛に書面にて，もしくは下記のe-mailアドレスまでお願いします．なお，電話でのご質問には応じかねますので，あらかじめご了承ください．

editor@morikita.co.jp

● 本書により得られた情報の使用から生じるいかなる損害についても，当社および本書の著者は責任を負わないものとします．

■ 本書に記載している製品名，商標および登録商標は，各権利者に帰属します．

■ 本書を無断で複写複製（電子化を含む）することは，著作権法上での例外を除き，禁じられています．複写される場合は，そのつど事前に（一社）出版者著作権管理機構（電話03-5244-5088, FAX03-5244-5089, e-mail：info@jcopy.or.jp）の許諾を得てください．また本書を代行業者等の第三者に依頼してスキャンやデジタル化することは，たとえ個人や家庭内での利用であっても一切認められておりません．

はじめに

　数学の知識やプログラミングの経験の少ない読者にも，コンピュータシミュレーションを理解してもらい，シミュレーションを自分で組み立ててもらう，それが本書の目標です．そこで，次の二点に留意して本書を著しました．一つ目は，難しい数学を使わないこと．二つ目は，コンピュータプログラミングの知識を必要としないことです．一つ目のために，本書では足し算，引き算，かけ算，割り算以外の演算は使わずに数学モデルを構成するよう努めます．二つ目のために，コンピュータを利用してシミュレーションを組み立てるのにプログラミング言語の知識を使わず，Microsoft Excel の操作だけで完成します．すでに "Excel でシミュレーション" というような出版物もたくさんありますが，それらのほとんどが Visual Basic というプログラミング言語を多用しています．本書では，この Visual Basic によるコードの記述も極力避けました．

　2007 年の春に同じ趣旨で『Excel コンピュータシミュレーション（森北出版）』を出版しました．好評をいただいていますが，その後，Excel のインターフェイスが大幅に変更されたため，改定する必要が生じたのです．本書では，新しいインターフェイスに対応した内容とするとともに，題材も大幅に入れ替えてあります．前著の内容をすべて残しながら新たに題材を増やすという構成にしたかったのですが，ページ数の問題もあり，本書のようになりました．前著も合わせてお読みいただければ，いっそうシミュレーションに興味をもっていただけるのではないかと考えています．

　本書の趣旨がご理解いただけたでしょうか．もちろん，このような手法には限界があります．さらに複雑で精度の高いシミュレーションを行うには，高度な数学的知識が必要となるでしょう．さらにコンピュータで表現するには高度なプログラミングテクニックやコンピュータに関する深い知識が必要となるでしょう．それには，すでに出版されている多くのテキストが役に立つと思います．本書を通じて読者のみなさんが，コンピュータシミュレーションの面白さを知り，その本質の一部でも垣間見ることができればと思います．そして，前述の多くのテキストを手にされるきっかけとなればと願っています．

　「ぐるぐる回る竹細工」のところでパラメトリック振動に関するご助言をいただいた柴田耕一博士に深く感謝いたします．

2010 年 3 月

著者

目　　次

第I部　方程式でシミュレーション　　　　　　　　　　　　　　　　1

第1章　関数とグラフ …………………………………………………… *3*
1.1　関数のグラフを描く　*3*
1.2　動くグラフに改造する　*14*
演習問題1　*19*

第2章　ウサギとキツネの生態系 ……………………………………… *20*
2.1　被食者と捕食者　*20*
2.2　紙カードで実験　*20*
2.3　生態系の数学モデル　*21*
2.4　Excelで個体数をシミュレーション　*23*
2.5　係数の決定　*31*
演習問題2　*32*

第3章　感染症の流行 …………………………………………………… *33*
3.1　インフルエンザの流行を予測する　*33*
3.2　感染症流行の数学モデル　*34*
3.3　モデルの中の定数を決める　*35*
3.4　Excelで感染症の流行をシミュレーション　*35*
演習問題3　*44*

第4章　小さな穴から漏れる水 ………………………………………… *45*
4.1　ペットボトルに穴をあけると　*45*
4.2　ペットボトルで実験　*45*
4.3　穴から漏れる水の数学モデル　*46*
4.4　Excelで穴から漏れる水をシミュレーション　*48*
演習問題4　*56*

目 次

第5章　アーチ橋のデザイン …………………………………………………… 57
5.1　形と強度の関係　*57*
5.2　カテナリー曲線の数学モデル　*59*
5.3　Excelでカテナリー曲線を計算する　*61*
演習問題5　*70*

第6章　ぐるぐる回る竹細工 …………………………………………………… 71
6.1　なぜぐるぐる回るのか　*71*
6.2　Excelでグルグルトンボのシミュレーション　*75*
演習問題6　*84*

第II部　ルールを決めてシミュレーション　　85

第7章　マクロ機能 ……………………………………………………………… 87
7.1　手順の概略　*87*
7.2　開発タブをリボンに表示する　*87*
7.3　新しいシートを準備する　*89*
7.4　ルールを適用する　*91*
7.5　表現を工夫する　*101*
演習問題7　*107*

第8章　熱の伝わり方 ………………………………………………………… 108
8.1　針金の熱伝導を考える　*108*
8.2　温まりやすさ冷めやすさ　*109*
8.3　熱の伝わりやすさ　*109*
8.4　熱伝導の数学モデル　*110*
8.5　長さ10 cmの棒を考える　*111*
8.6　Excelで熱伝導のシミュレーション　*112*
演習問題8　*127*

第9章　貝殻の模様 …………………………………………………………… 128
9.1　自然界のセルオートマン　*128*
9.2　ウルフラムのセルオートマトン　*130*
9.3　Excelでセルオートマトン　*131*

目　次

演習問題 9　　*143*

第 10 章　　ライフゲーム …………………………………………… *144*

10.1　ライフゲームとは　　*144*
10.2　ライフゲームのルール　　*144*
10.3　Excel でライフゲーム　　*146*
演習問題 10　　*166*

第 11 章　　森林火災 ………………………………………………… *167*

11.1　森林火災を防ぎたい　　*167*
11.2　森林火災のモデル　　*167*
11.3　Excel で森林火災のシミュレーション　　*169*
演習問題 11　　*188*

第 12 章　　つながりの世界 ………………………………………… *190*

12.1　穴とすき間でつながる全体を考える　　*190*
12.2　パーコレーション　　*191*
12.3　確率 P を変えてみる　　*192*
12.4　Excel でパーコレーション　　*193*
演習問題 12　　*216*

索　　引　………………………………………………………………… *217*

✎ STUDY

ロトカ・ボルテラ方程式 ………………………………………	*32*
ケルマック・マッケンドリック微分方程式 ……………………	*43*
変数分離型の微分方程式 …………………………………………	*56*
カテナリー曲線 ……………………………………………………	*70*
熱伝導方程式 ………………………………………………………	*127*

第I部 方程式でシミュレーション

第I部では，方程式を使ったシミュレーションを理解しましょう．第I部の2章から6章で具体的な問題について，その考え方と計算の方法を学びます．そのためにExcelを利用しますが，第I部で使うExcelの機能はどの章にも共通です．しかも，Excelの豊富な機能のごく一部を繰り返して利用するだけなので，だれにも簡単にシミュレーションを実行できます．どの章から読んでもいいように構成されていますが，第I部を読むには，まず1章を練習してからがいいでしょう．

第 1 章 関数とグラフ

第 I 部で使う Excel の機能を，すべて第 1 章にまとめました．
関数のグラフを描くことでこれらの機能を理解しましょう．

1.1 関数のグラフを描く

それでは，関数のグラフを Excel で作成してみましょう．みなさんも，中学校の数学の授業などで関数のグラフを描いた経験があるでしょう．そのとき，どのようにしたのか思い出してください．$y = f(x)$ のグラフを描くには，まず x と y の対応表を作る必要がありました．そしてこの対応表ができたら，そのデータをもとにグラフ用紙にプロットすることで，関数のグラフを描くことができました．では，実際に Excel を使ってみましょう．

1　Excel を起動する

Excel でグラフを描くのもまったく同じ手順です．まず，「スタート」をクリックして表示される「スタートメニュー」から「すべてのプログラム」を選び，「Microsoft Office」→「Microsoft Office Excel」を選択して Excel を起動します (図 1.1)．新しいブックが用意されます．ブックの名前は通常「Book1」と自動的に設定されます．この練習で作るブックの名前は後で命名することにして，とりあえずこのまま進みましょう．

図 1.1　新しいブック

2 「開発」タブをリボンに表示する

　グラフの作成の前に一つ準備しておきましょう．「開発」タブの表示です．通常はあまり使いませんので基本設定では表示されていません．この本では「開発」を利用することも多いので，このタブを表示しておきましょう．まず，左上の丸い「Office」ボタンをクリックし，表示されたメニューから「Excel オプション」をクリックします (図 1.2)．表示されるダイアログボックスの「開発タブをリボンに表示する」にチェックを付けて「OK」をクリックします (図 1.3)．リボンに「開発」タブが表示されます．Excel 2010 の場合は，「ファイル」→「オプション」→「リボンのユーザー設定」で右側の「開発」欄にチェックを入れ閉じます．詳しくは

　　　　　　　http://www.morikita.co.jp/soft/84871/

を参照下さい．

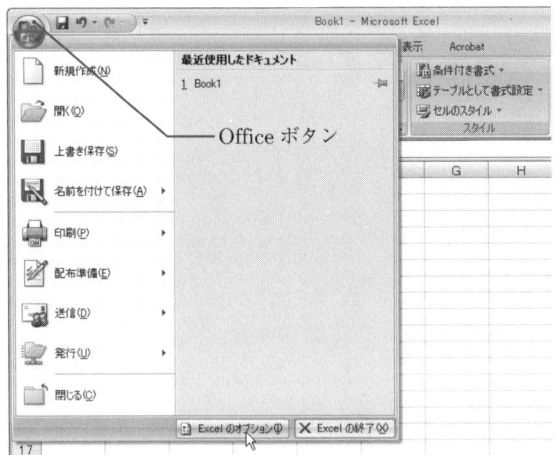

図 1.2　Office ボタンをクリックし，Excel のオプションをクリック

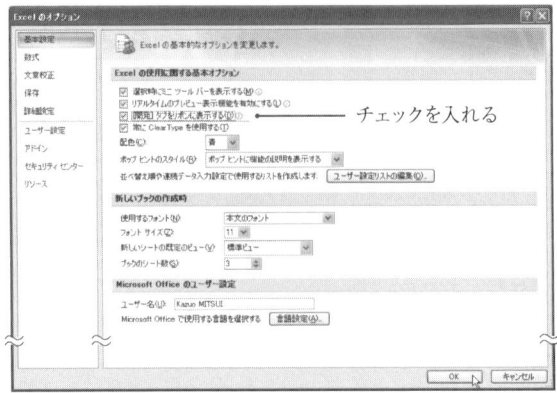

図 1.3　「開発タブをリボンに表示する」にチェック

3 シートの名前を変更する

このブックにはシートが標準で三つ用意されています．名前は「Sheet1」「Sheet2」「Sheet3」となっています．まずシートの名前を変更しましょう．シートの左下の「Sheet1」を右クリックして，メニューから「名前の変更」を選択し（図1.4）シート名を「二次関数」とします（図1.5）．

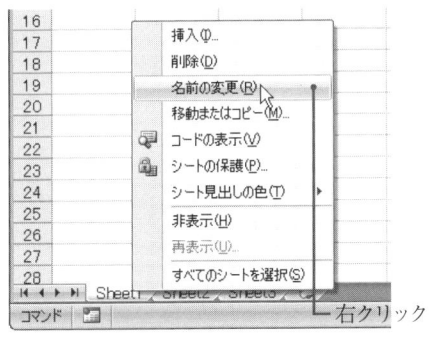
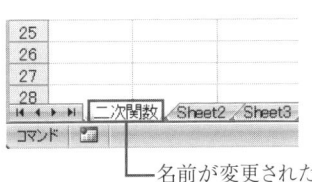

図 1.4　名前を変更を選択　　図 1.5　名前が変更されたシート

4 見出しを入力する

いよいよ表の作成です．まず A1 セルに文字 x を入力します．次に B1 セルに $y = ax^2$ と入力します．x^2 の指数 2 は，はじめに $y = ax2$ と入力した後，指数の 2 だけを選択して，「ホーム」タブにある「セル」グループの「書式」メニューから「セルの書式設定」を選び，続いて表示されるダイアログボックスで「上付き」にチェックを付けて「OK」をクリックします．次に C1 セルに $a =$ と入力します．$a =$ は右揃えにした方がよいでしょう．もう一度 C1 セルを選択して，「ホーム」タブにある「配置」グループの「文字列を右に揃える」をクリックします（図1.6）．次に D1 セルに 1 と入力します．このセルは左揃えにした方がよいでしょう．もう一度 D1 セルを選択して，「文字列を左に揃える」をクリックします（図1.7）．

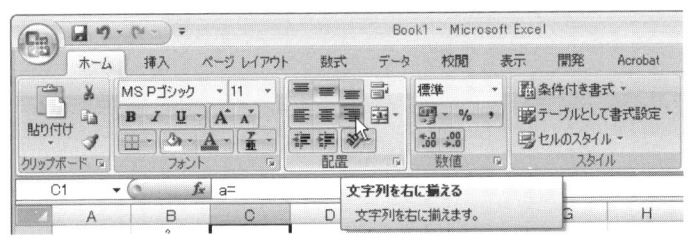

図 1.6　右揃えを選択

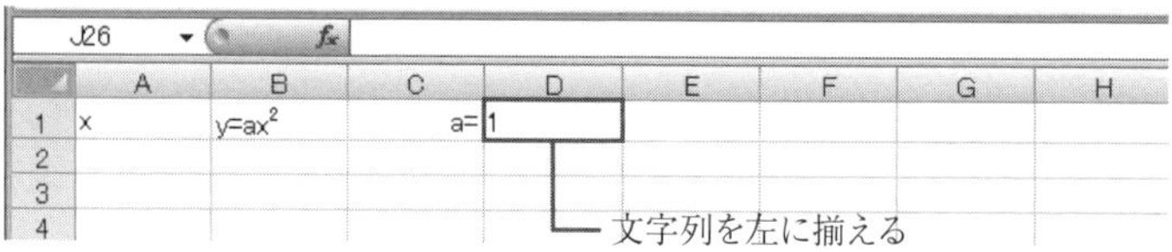

第1章 関数とグラフ

図 1.7 見出し

5 A列に x の値を入力する

x の範囲を $-4 \leq x \leq 4$ としましょう．まず，A2 セルに -4 を入力し Enter キーを押します．もちろん，以後のデータも同じように手作業で一つずつ入力してもいいのですが，量が多いと大変です．そこで，もう一度 A2 セルを選択しておいて，「ホーム」タブにある「編集」グループ→「フィル」→「連続データの作成」を選択します (図 1.8)．表示されるダイアログボックスで「列」「加算」をマークし，増分値を 0.1，停止値を 4 と設定して「OK」をクリックします (図 1.9)．ところで，A1，A2，A3，A4 のように縦の方向に並んだセルを列とよびます．逆に A1，B1，C1，D1 のように横方向に並んだセルを行とよびます．

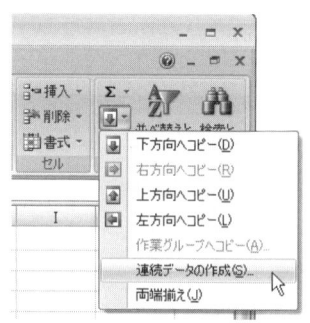

図 1.8 連続データの作成

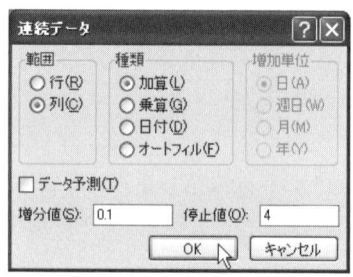

図 1.9 増分値と停止値の設定

さて，この操作で図 1.10 のように x の値が -4 から 0.1 ずつ増加して 4 まで変化する A 列のデータが生成されます．この本ではたくさんの連続データを扱う場合が多いので，このように「編集」グループから「連続データの作成」を選ぶ方法は大変効果的です．

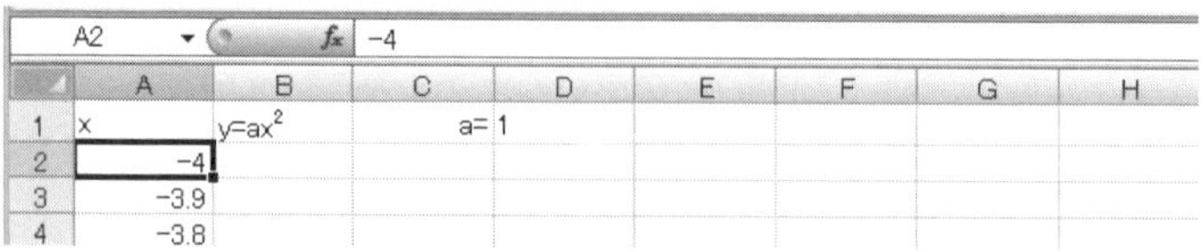

図 1.10 生成された連続データ

第 I 部　方程式でシミュレーション

6 B列に y の値を入力する

こんどは，B列に y の値を入力しましょう．y の値は，A列の x の値に対応して決まります．その対応は関数 $y = ax^2$ によるわけですから，B列には式を書けばいいのです．書かれた式は Excel が自動的に計算するのです．まず，B2 セルに

=$D$1*A2^2

と入力してください (図 **1.11**)．この式に書かれた「A2」は A2 セルに書いてある x の値，^2 は二乗を，また*は乗算を意味します．$D$1 は D1 セルを意味しますが，$を付けると絶対参照といって，B3 や B4 などの別のセルにこの式をコピーしたときにも必ず D1 セルにある値を参照するという意味になります．一方，A2 という書き方は相対参照とよばれます．この式を B3 にコピーすると A2 のままではなく自動的に A3 に変化します．B4 にコピーすれば対応する A4 に変化します．さて，結果はどのようになっていますか．この式を入力して ENTER キーを押すと自動的に計算が行われて，B2 セルには 16 が表示されます (図 **1.12**)．

図 **1.11**　方程式を入力 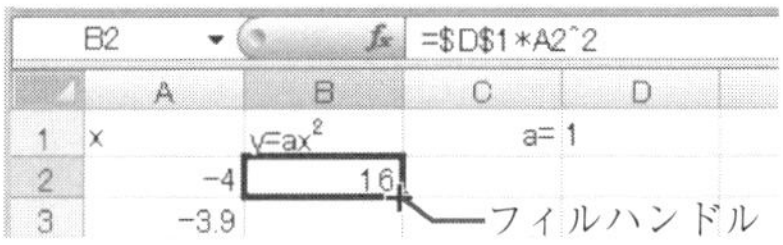　　図 **1.12**　計算された関数値

7 B列の値をすべて計算する

あとは，B3，B4 などのセルにも同じことを繰り返せばいいのですが，一つ一つ入力するのは大変です．それで，もう一度 B2 セルを選択します．このセルの右下に黒い四角が現れています (図 1.12)．これはフィルハンドルとよばれるものです．このフィルハンドルをダブルクリックしてください．すでに入力されている x に対応するすべてのセルに B2 セルがコピーされます (図 **1.13**)．B3 セルを選択して，コピーされた内容を「数式バー」で確認してください．

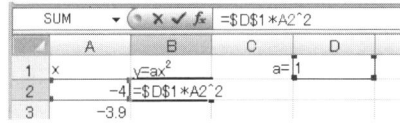

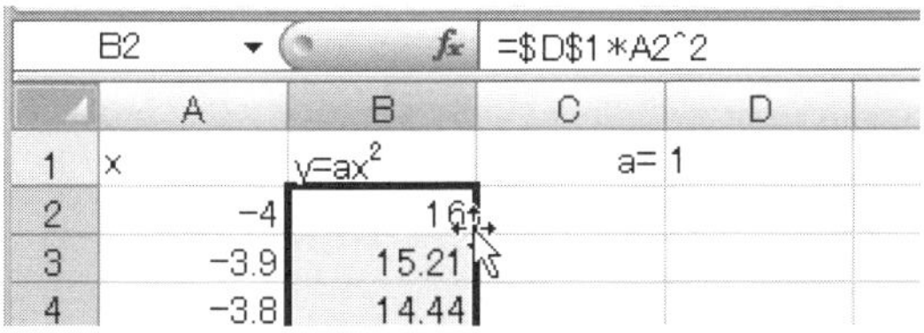

図 **1.13**　フィルハンドルを使ってすべてを計算

```
    =$D$1*A3^2
```
となっているでしょう．

8 係数の変更

さて，D1 セルを選択して，2 を入力してみましょう．これで係数 a の値は 2 に変更されました．それと同時にすべての y の値もすべて変わります．あるセルの値が変わるとこれに関係するセルの値は自動的に再計算されるのです（図 1.14）．

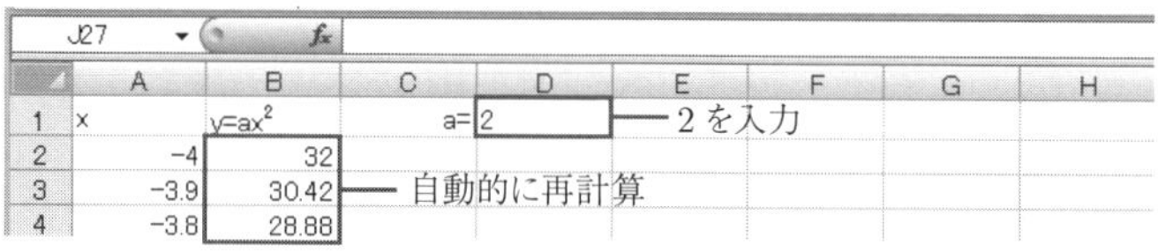

図 1.14

9 グラフの作成

A 列と B 列を選択するために，A をクリックしてそのまま B までドラッグしましょう（図 1.15）．次に，「挿入」タブの「グラフ」グループにある「散布図」から「散布図 (直線)」を選びます（図 1.16）．表示されたグラフ（図 1.17）には，上にグラフタイトル，右に凡例が付いています．

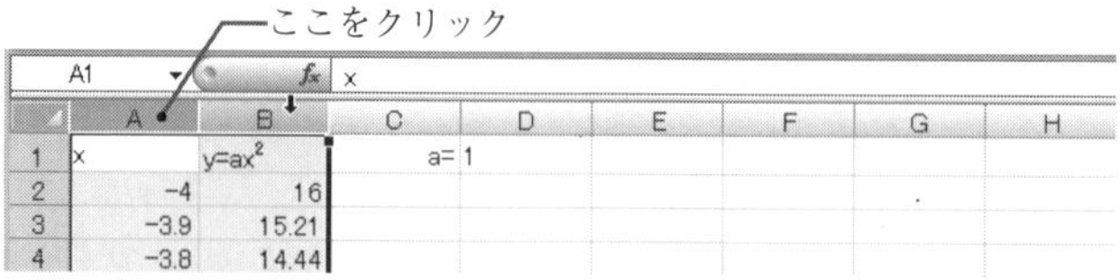

図 1.15 A 列 → B 列ドラッグする

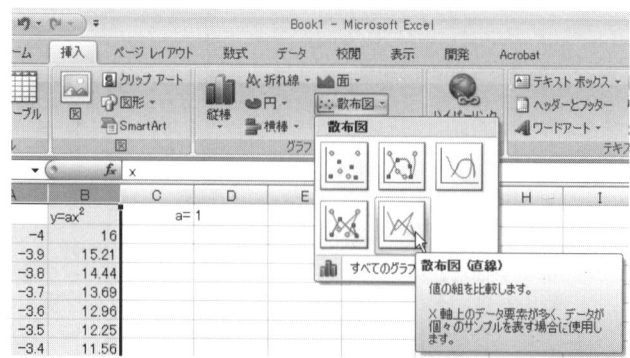

図 1.16 グラフの種類を選択

1.1 関数のグラフを描く

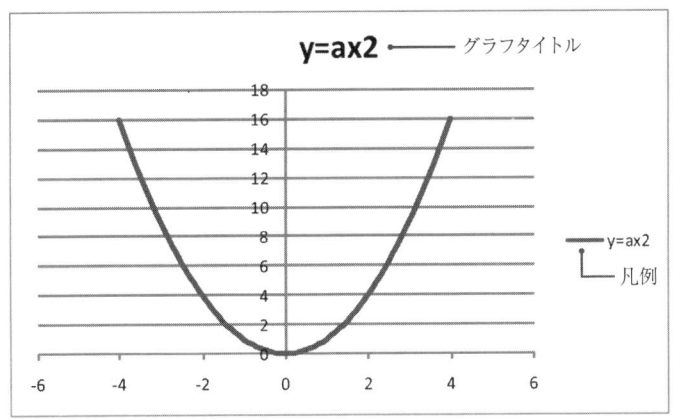

図 1.17 描かれたグラフ

10 サイズの調整

　グラフの大きさは適当ですか．自分の好みのサイズに調整してください．グラフの余白をクリックすると四隅とその間の合計 8 箇所にコントロールハンドルが現れます．コントロールハンドルをクリックしたままドラッグすることで，グラフのサイズを調整することができます．

11 レイアウトの変更

　描かれたグラフを選択しておいて，リボンにある「レイアウト」タブをクリックします．「ラベル」グループの「グラフタイトル」にある「なし」をクリックしてください (図 1.18)．グラフのタイトルが削除されたでしょう．同じ「ラベル」グループの「凡例」にある「なし」をクリックしてください (図 1.19)．凡例が削除されたでしょう．

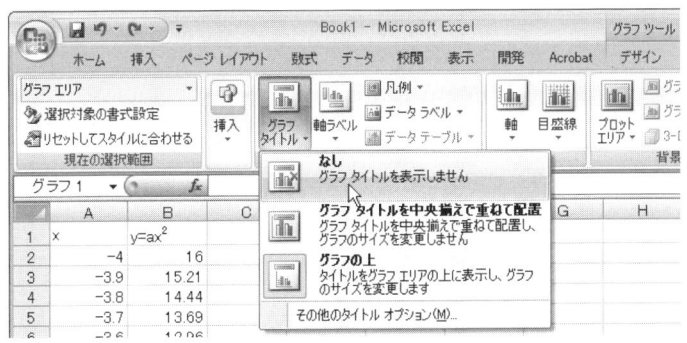

図 1.18 グラフタイトルを「なし」に

第 I 部　方程式でシミュレーション

第1章 関数とグラフ

図 1.19 凡例を「なし」を選ぶ

12　軸の書式設定

「レイアウト」タブをクリックして，「軸」グループの「軸」にある「主縦軸」のメニューから「その他の主縦軸のオプション」をクリックしてください (図 1.20).

図 1.20 主縦軸オプションの選択

現れたダイアログボックスで左に並んでいる「表示形式」を選択します①．次に右の表示形式から「数値」を選び②「小数点以下の桁数」を「1」③，「負の数の表示形式」の「−1,234.00」④を選んで「閉じる」⑤をクリックします (図 1.21).

第 I 部　方程式でシミュレーション

1.1 関数のグラフを描く

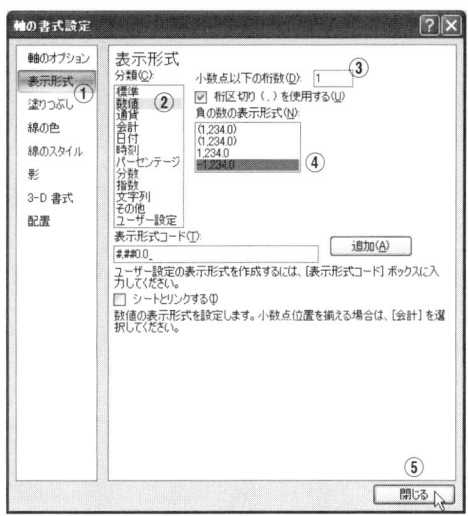

図 1.21 軸の書式設定

13 目盛線の書式設定

同じ「軸」グループの「目盛線」の「主横軸目盛線」から「目盛線と補助目盛線」を選択します(図 1.22). さらに,「主縦目盛線」から「目盛線と補助目盛線」を選択します (図 1.23).

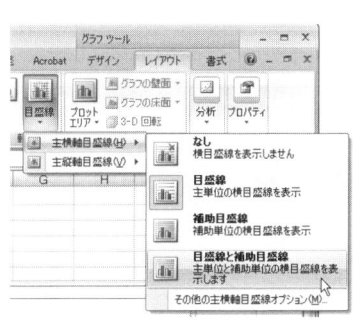

図 1.22 縦目盛線の設定

図 1.23 横目盛線の設定

14 テンプレートを保存する

図 1.24 のようなグラフが完成したことと思います. しかし, このような設定は大変めんどうです. 頻繁に使うグラフの書式を登録しておくと便利でしょう. この書式をテンプレートとして保存しておきましょう. 描いたグラフを選択しておいて,「デザイン」タブをクリックします. リボンにある「テンプレートとして保存」をク

第 I 部 方程式でシミュレーション 11

リックしてください (図1.25)．表示されたダイアログボックスで「ファイル名」として「シミュレーション (マーカーなし)」などと入力して「保存」をクリックします (図1.26)．

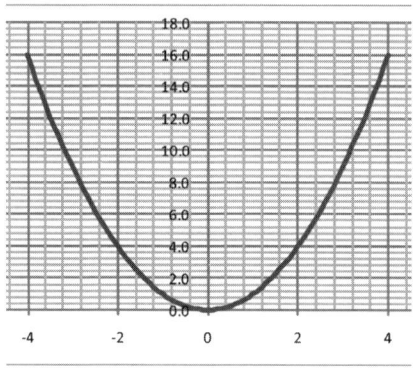

図 1.24　描かれたグラフ

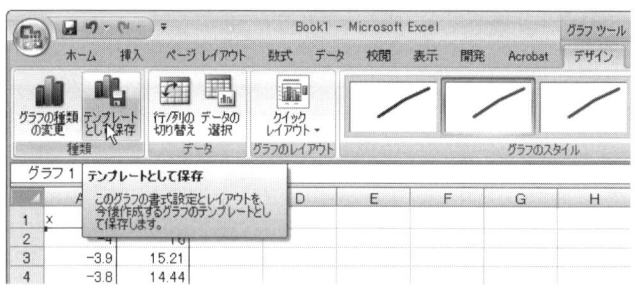

図 1.25　テンプレートとして保存

図 1.26　テンプレートの保存

もう一種類のテンプレートを保存しましょう．今度はマーカーのあるグラフです．「グラフの種類の変更」をクリックしてください (図 1.27)．表示されたダイアログボックスで「散布図」のグループにある「散布図 (直線とマーカー)」をクリックして選び，「OK」をクリックします (図 1.28)．

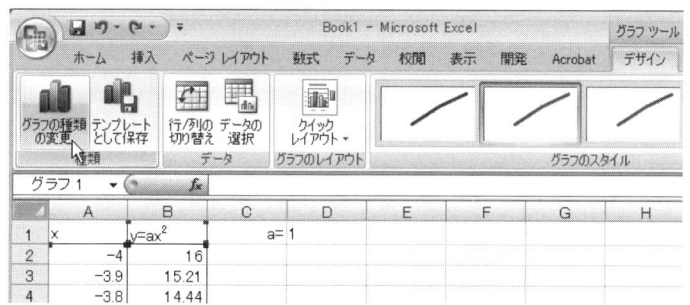

図 1.27　グラフの種類の変更

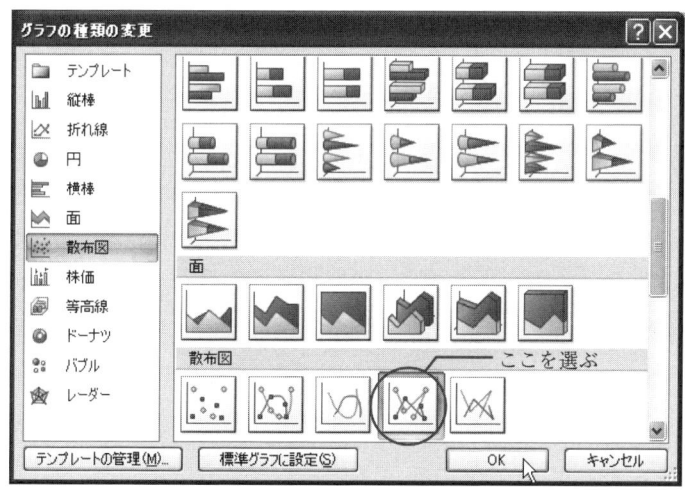

図 1.28　ユーザー設定のグラフ種類の追加

新しくできたグラフ (図 1.29) の書式もテンプレートとして保存しておきましょう．もう一度「テンプレートとして保存」をクリックして，ダイアログボックスで「ファイル名」として「シミュレーション (マーカーあり)」などと入力し，「保存」をクリックします (図 1.30)．

これで，これらの書式を「シミュレーション」などという名前のテンプレートとして登録することができました．今後，このテンプレートは何度でも簡単に利用することができるようになったわけです．

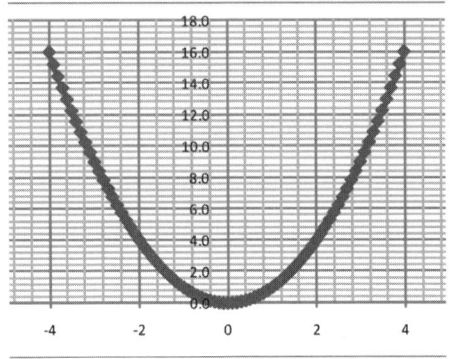

図 1.29　もう一つのグラフ

図 1.30　テンプレートの保存

1.2　動くグラフに改造する

1　スクロールバーを配置する

　もう一つ，便利な機能を追加しましょう．「開発」タブをクリックし，「コントロール」グループの「挿入」にある「フォームコントロール」から「スクロールバー」を選択します(図 **1.31**)．すると，マウスポインタが + に変わります．次にグラフの下部にスクロールバーを貼り付けましょう．スクロールバーの左上となる位置をクリックしたまま右下となる位置までドラッグして，ボタンから手を離します．ス

1.2 動くグラフに改造する

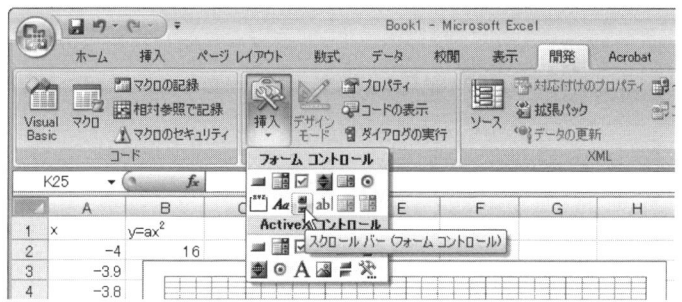

図 1.31　コントロールの選択

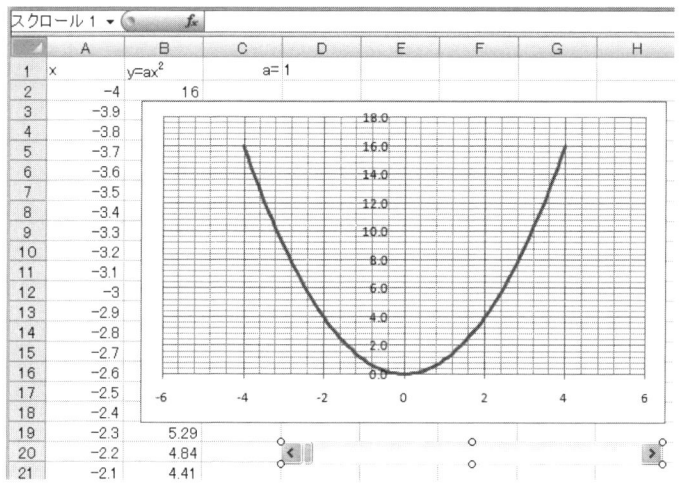

図 1.32　スクロールバーの配置

クロールバーが配置できたでしょう (図 1.32).

2　スクロールバーの機能を設定する

次にスクロールバーの機能を設定します．スクロールバーの上で右クリックし，「コントロールの書式設定」を選択します (図 1.33)．表示されるダイアログボックスで「コントロール」タブを選び，最小値，最大値，変化の増分等を設定します．ここでは標準値のままにしておきましょう．「リンクするセル」のボックスに$D$2と入力し，「OK」をクリックします (図 1.34).

第 1 章 関数とグラフ

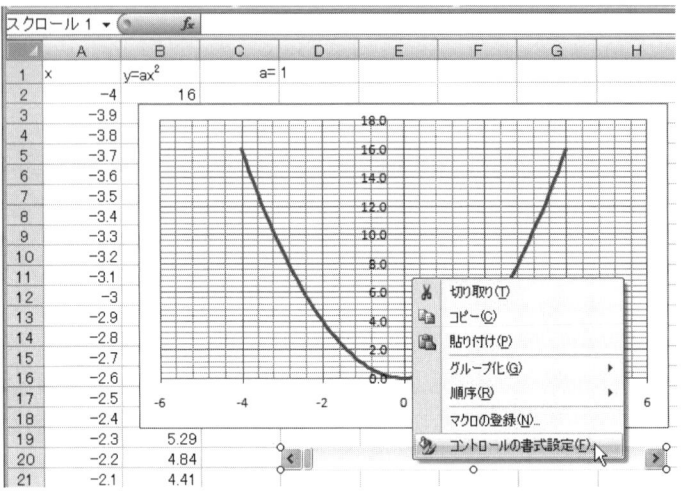

図 1.33　コントロールの書式設定

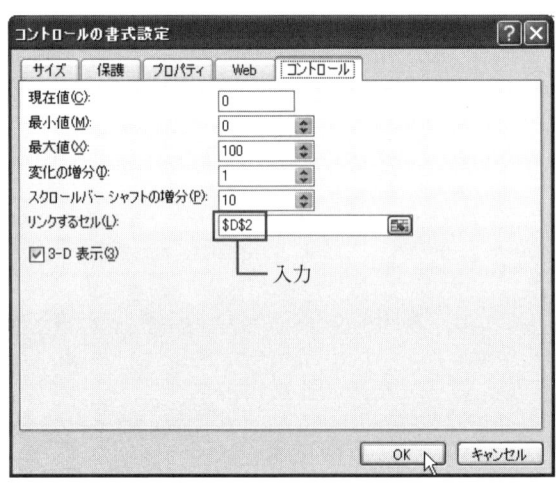

図 1.34　リンクするセルの設定

3　スクロールバーを操作する

　スクロールバーを操作してみてください．D2 セルの値が 0〜100 の範囲で変化します（図 1.35）．「コントロールの書式設定」で D2 セルと関連付け，その値の最小値を 0，最大値を 100 としたからです．

　D2 セルと D1 セル，すなわち，係数 a の関係を設定しましょう．D1 セルを選択し，

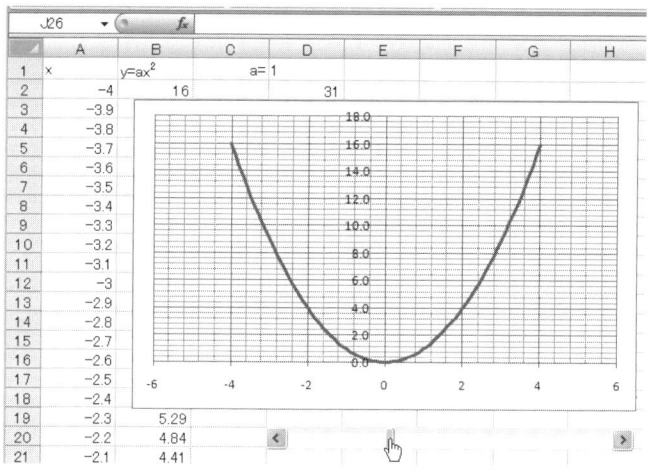

図 1.35　スクロールバーの操作

　　　　=D2/20

と入力します．もう一度スクロールバーを操作してみましょう．D1 セルで a の値が，0〜5 の範囲で変化します (図 1.35)．それと同時に B 列のすべての値とグラフも変化しています．

　D1 セルに

　　　　=D2/10-5

と入力すれば，D1 セルで a の値が，−5〜5 の範囲で変化します (図 **1.36**)．スク

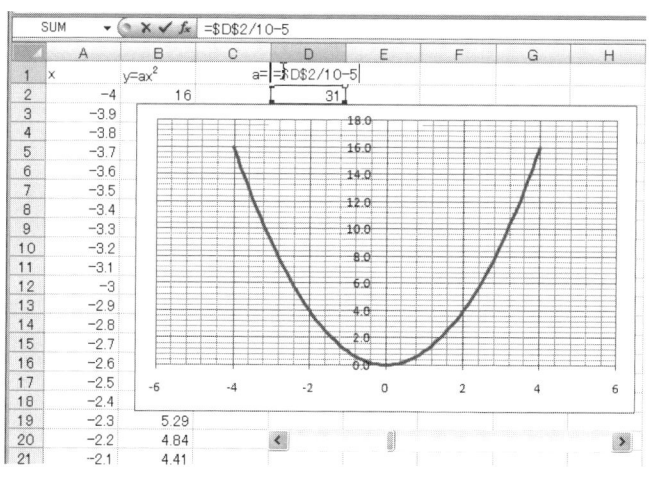

図 1.36　$-5 \leq a \leq 5$ の範囲で連動

ロールバーをいろいろ試してください (図 1.37〜1.38).

本書の第Ⅰ部で取り上げるシミュレーションを実行するには，Excel の豊富な機能の中からここで紹介したわずかな機能を使うだけで十分です．

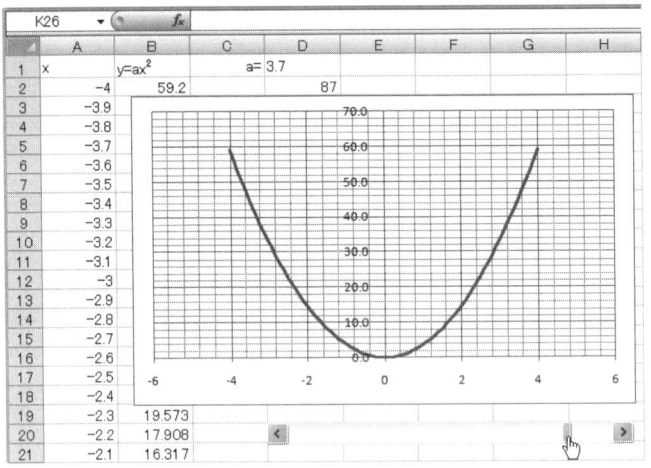

図 1.37　スクロールバーのテスト

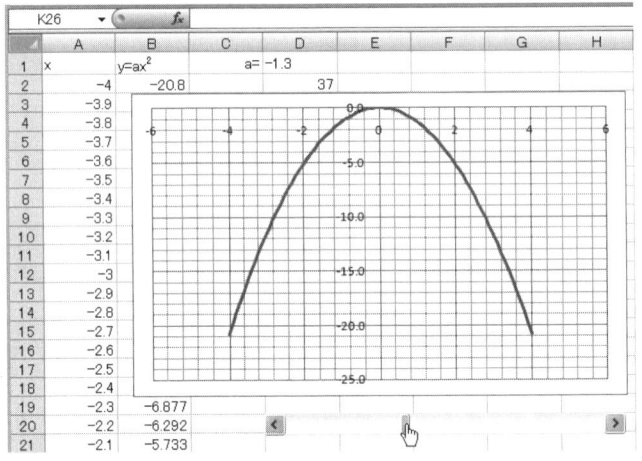

図 1.38　スクロールバーのテスト

4　保存して終了する

最後に名前を付けてファイルを保存しましょう．左上の「Office」ボタンをクリックし，「名前を付けて保存」のメニューにある「Excel ブック」を選択してください．「ファイル名」のボックスに「関数」と入力して「保存」をクリックします (図 1.39)．Excel 2010 では，「ファイル」タブからはじめます．

図 1.39　名前を付けて保存

この章のポイント
- 連続データを作成する
- 絶対参照と相対参照の違いを理解する
- グラフを作成する

演習問題 1

1.1　図 1.40 に示すように $y = ax^2 + bx$ のグラフを作成してください．ただし，係数 a, b の値はそれぞれスクロールバーを使って -5〜5 の範囲で変化するように設定してください．

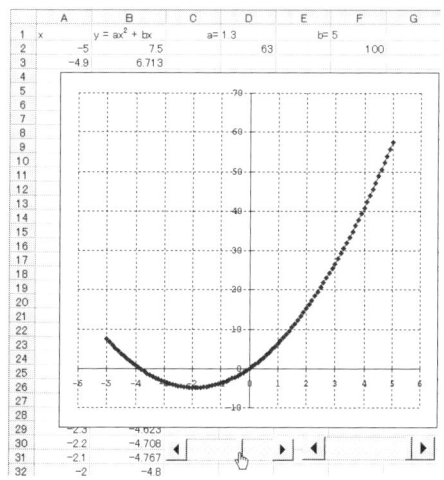

図 1.40

第2章 ウサギとキツネの生態系

被食者と捕食者のシミュレーションをウサギとキツネの繁殖の様子をモデルにして考え，観察してみましょう．

2.1 被食者と捕食者

ウサギが生息する草原を考えましょう．ここにはウサギの餌は十分あります．平穏な日々が続けばウサギはどんどん**繁殖**するでしょう．しかし，そんな日々は長くは続きません．キツネが登場します．ウサギはキツネにとって絶好の獲物なのです．ウサギとキツネの攻防戦の始まりです．実際のウサギとキツネで実験するわけにはいきませんから，次のようなゲームを作ってみました．

2.2 紙カードで実験

実験はキツネを意味する大きな正方形とウサギを意味する小さな正方形によって行われます (図 **2.1**〜**2.4**)．緑色のシート上で次の手順に従ってシミュレーションを行って，**個体数**の変動を記録してください．ウサギは 2 cm × 2 cm で 250 枚程度，キツネは 6 cm × 6 cm で 50 枚程度，緑色のシートは 300 cm × 420 cm (A3 サイズ) 程度が適当です．

1) 三匹のウサギが適当な間隔で生存している．
2) 外からキツネを一匹投げ入れる．
3) キツネに捕食された (タッチされた) ウサギを削除する．
4) 残ったウサギは繁殖すると考えて，その数を二倍にする．
5) 三匹以上のウサギを捕食したキツネは次の世代に生き残り，子どもを一匹出産する．三匹以上の何匹を捕食しても出産は一匹です．
6) 2)〜5) を繰り返して，キツネの数とウサギの個体数を記録する．

⚠ ウサギをかたまらせず，常にバラバラにすることが大切です．

2.3 生態系の数学モデル

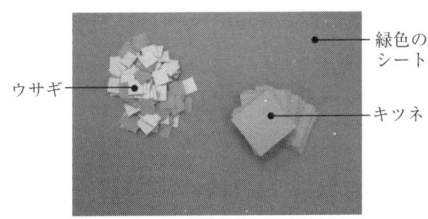

図 2.1 実験の準備

図 2.2 キツネに捕食されたウサギ

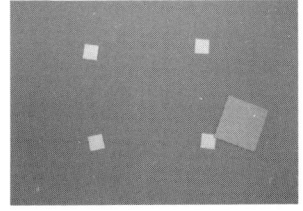

図 2.3 生き残ったウサギが繁殖

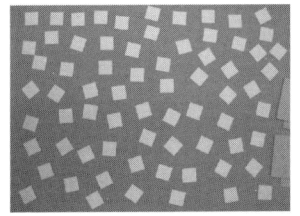

図 2.4 変化した個体数

記録した実験値をグラフにしてみましょう．図 2.5 は実験結果の一例です．

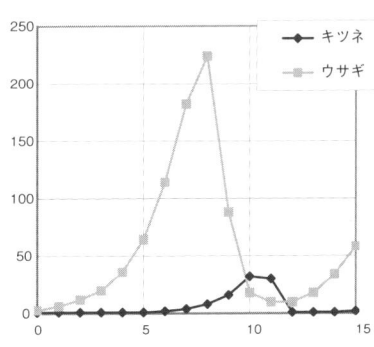

図 2.5 個体数の変化

2.3 生態系の数学モデル

このような生態系で重要な変数は何でしょう．ウサギとキツネの個体数が時間とともにどのように変化するかを知りたいのですから，ウサギの個体数，キツネの個体数，それと時間です．それぞれを R, F, t で表すことにしましょう．B_r はウサギの出生率，D_r はウサギの死亡率です．B は誕生を意味する Birth の頭文字，D は死

を意味する Death の頭文字をとりました．添え字の r はウサギを意味する Rabbit の頭文字です．

　ウサギの個体数もキツネの個体数も時間とともに変化するのですから，時間の関数です．$R(t)$, $F(t)$ と書くのが正確でしょう．短い**時間区間** (時間間隔) Δt における出生数と死亡数はともに個体数と時間区間の大きさに比例すると考えることができます．つまり，個体数が 10 倍になれば出生数もほぼ 10 倍になるでしょうし，1 ヶ月の出生数よりも 1 年間の出生数の方が 12 倍ほど大きくなるでしょう．死亡数も同じように考えられます．したがって，$B_r R(t) \Delta t$ だけ増加し，$D_r R(t) \Delta t$ だけ減少します．ウサギの個体数 $R(t)$ は Δt だけ時間が経過した後 $R(t+\Delta t)$ となりますが，その差は 出生数 − 死亡数 ですから，次のように書くことができます．

$$R(t+\Delta t) - R(t) = (B_r - D_r)R(t)\Delta t \tag{2.1}$$

同じようにキツネの個体数 $F(t)$ の変化は，

$$F(t+\Delta t) - F(t) = (B_f - D_f)F(t)\Delta t \tag{2.2}$$

のようになると考えられます．係数は同じように B と D ですが，キツネの出生率と死亡率ですからキツネを意味する Fox の f を付けて B_f, D_f としました．

　ここからがこのモデルの面白いところです．まず，ウサギから考えましょう．ウサギは一定の出生率で増加すると考えましょう．すなわち，B_r は定数とするのです．一方，死亡率 D_r は変動すると考えます．ほんとうは，さまざまな原因で死亡するのでしょうが，このモデルではキツネの餌食となって死亡することだけを考えます．そうすると，キツネが少なければウサギの死亡率も低く，キツネが増加するとウサギの死亡率も高くなると考えられます．このような関係の最も単純なのは，ウサギの死亡率 D_r がキツネの個体数 $F(t)$ に比例すると考える次のような関係です．

$$D_r = aF(t) \tag{2.3}$$

ここで，a は比例定数です．

　次はキツネです．キツネは一定の死亡率で減少すると考えましょう．すなわち，D_f は定数とするのです．一方，出生率 B_f は変動すると考えます．ほんとうは，出生率もさまざまな原因で変動するのでしょうが，このモデルではキツネにとっては餌であるウサギが豊富であるかどうかに依存すると考えます．ウサギが少なければキツネの出生率も低く，ウサギが増加するとキツネの出生率も高くなると考えます．このような関係の最も単純なのは，キツネの出生率 B_f がウサギの個体数 $R(t)$ に比例すると考える次のような関係です．

$$B_f = bR(t) \tag{2.4}$$

ここで，b は比例定数です．式 (2.1) に式 (2.3) を，式 (2.2) に式 (2.4) を代入しましょう．

$$R(t + \Delta t) - R(t) = (B_r - aF(t))R(t)\Delta t \tag{2.5}$$

$$F(t + \Delta t) - F(t) = (bR(t) - D_f)F(t)\Delta t \tag{2.6}$$

式 (2.5) と (2.6) の左辺第 2 項を右辺に移項すると

$$R(t + \Delta t) = (1 + (B_r - aF(t))\Delta t)\, R(t) \tag{2.7}$$

$$F(t + \Delta t) = (1 + (bR(t) - D_f)\Delta t)\, F(t) \tag{2.8}$$

となります．式 (2.7) と式 (2.8) がキツネとウサギの生態系をシミュレーションするための数学モデルです．

2.4 Excel で個体数をシミュレーション

さて，いよいよ Excel の出番です．式 (2.7) と式 (2.8) の右辺にある量は 1，B_r，a などの定数かまたは時刻 t におけるキツネの個体数 $F(t)$ とウサギの個体数 $R(t)$ です．したがって，時刻 t すなわち現在の個体数がわかっていれば右辺の値を計算できます．式 (2.7) と式 (2.8) はこの結果が，時刻が Δt だけ進んだ次の時間ステップにおけるこ個体数 $R(t + \Delta t)$ や $F(t + \Delta t)$ になることを意味しています．こんな計算は Excel なら簡単です．

その前に，少し考えておかなければならないことがあります．実験では時間ステップを 1 回目，2 回目と数えていますが，実際の生態系では時間的な変化は徐々に進行していきます．このことを考慮してシミュレーションにおける時間区間 Δt を 1 より小さな値として選びましょう．$\Delta t = 0.01$ 程度がよさそうです．実験の 1 ステップを実際の生態系では 100 日 (約 3 ヶ月) と考えると，時間区間 Δt を 0.01 とすることは 1 日ごとに変化を調べていることになります．

もう一つ，個体数についても考えてみましょう．ウサギもキツネも一匹，二匹と数えますから，どちらも整数であるはずです．しかし，シミュレーションでは小数であってもよいことにしましょう．不自然に思われるかもしれませんが，十匹や二十匹の生態系ではなく，たとえば単位が千匹であったとすれば，3.029 は 3029 匹ですから，ありえないことではありません．個体数の小数を許した方が計算がうまくいきます．これもモデルに取り入れた仮定の一つであると考えられます．

第 I 部　方程式でシミュレーション

1 Excelを起動して見出しを入力する

さっそく，Excelを立ち上げて計算を開始しましょう．Excelを起動して，まず見出しを付けましょう．Sheet1のセルA1に「Br」，B1に「a」，C1に「b」，D1に「Df」，E1に「Δt」と記入してください (図 **2.6**)．これらは，わかりやすいように付けた見出しです．それぞれ，式 (2.7) と式 (2.8) にある係数を意味しています．Δ の入力にはDを入力して「ホーム」タブにある「フォント」グループでフォント名をSymbolに変更します．

図 **2.6** 係数のための見出し

$B_r = 1$, $a = 0.1$, $b = 0.02$, $D_f = 1$, $\Delta t = 0.01$ と設定することにします．これらの値については後で考えましょう．セルA2には1，B2には0.1，C2には0.02，D2には1，E2には0.01と入力します (図 **2.7**)．A列には時刻を，B列とC列にはそれぞれウサギとキツネの個体数を記録することにします．A3にはTime，B3にはRabbit，C3にはFoxと見出しを付けておきましょう (図 **2.8**)．

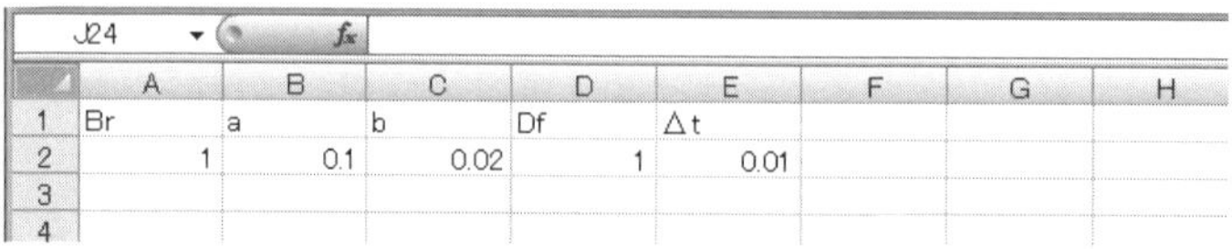

図 **2.7** 係数の入力

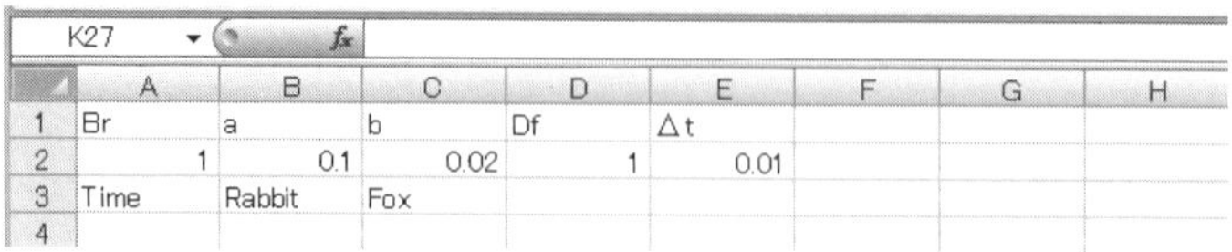

図 **2.8** 時間，ウサギ，キツネのための見出し

2.4 Excelで個体数をシミュレーション

2 初期値を入力する

4行目は初期値です．時刻は0とします．ウサギとキツネの個体数はいくつでも好きな値でいいのですが，実験と合わせるならウサギは3でキツネは1と入力します(図 2.9)．

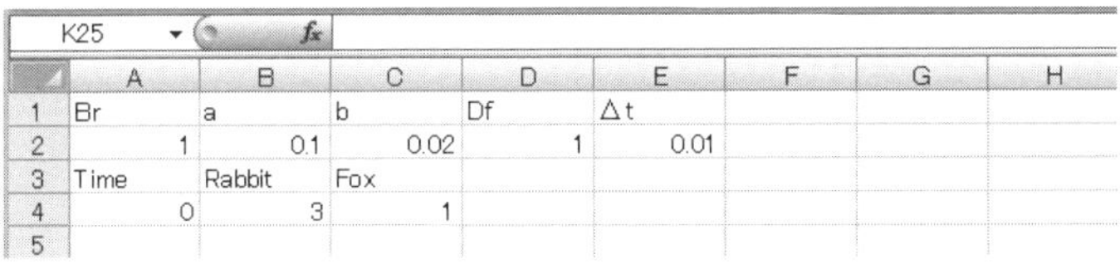

図 2.9

3 時間を設定する

次はセルA5です．ここには式を書きます．セルA4の値よりも Δt だけ増加するのですから

=A4+$E$2

と入力して，ENTERキーを押します(図 2.10)．

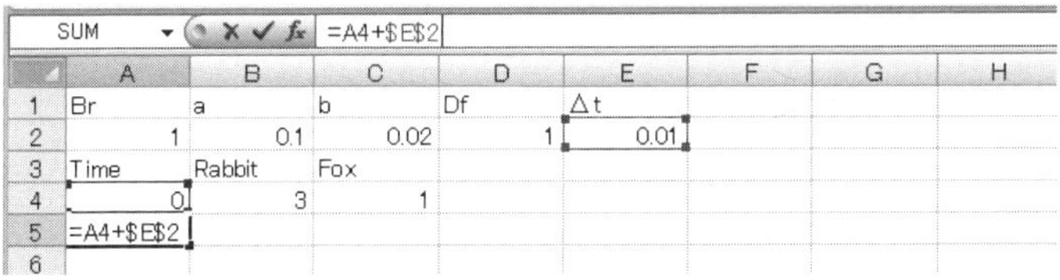

図 2.10 時間の設定

これをセルA6にコピーすれば相対参照により，A4がA5に変わり

=A5+$E$2

となります．$E$2と書いたのはどのセルにコピーしても Δt の値はセルE2を参照(絶対参照)することを意味しています．セルA5の値は0.01となりましたか(図 2.11)．

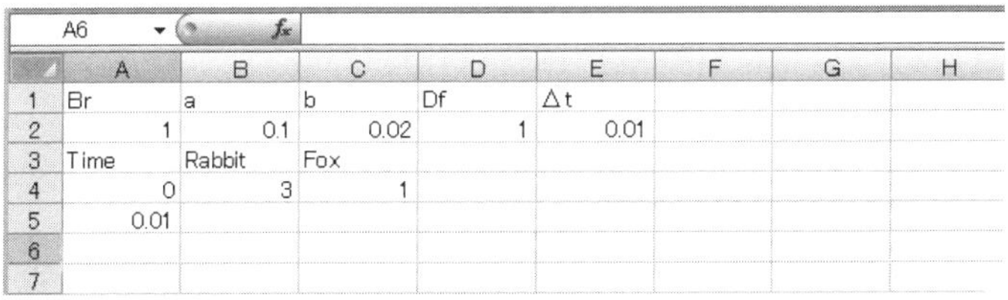

図 2.11 次の時刻 0.01

第2章 ウサギとキツネの生態系

　もう一度セル A5 を選択してください．選んだセルの右下のコーナーにポインタを合わせるとポインタは十字に変わります (図 2.12)．これはフィルハンドルとよばれます．そのままクリックしてドラッグし (図 2.13)，2504 行目まで進んでください (図 2.14)．最後の時刻の値が 25 となっていますか．

> ⚠ 2504 行までドラッグするのは大変です．この場合には，「ホーム」タブの編集グループから「フィル」→「連続データの作成」と進んで増分値と停止値を指定する方法もあります．第 1 章の「関数とグラフ」を参照してください．

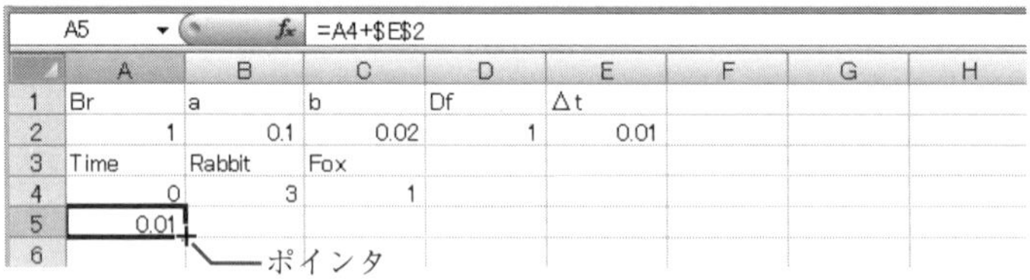

図 2.12　十字に変わったポインタ (フィルハンドル)

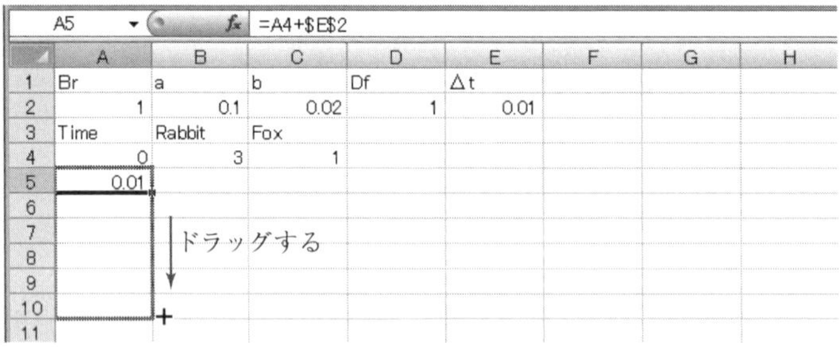

図 2.13　下方向にドラッグ

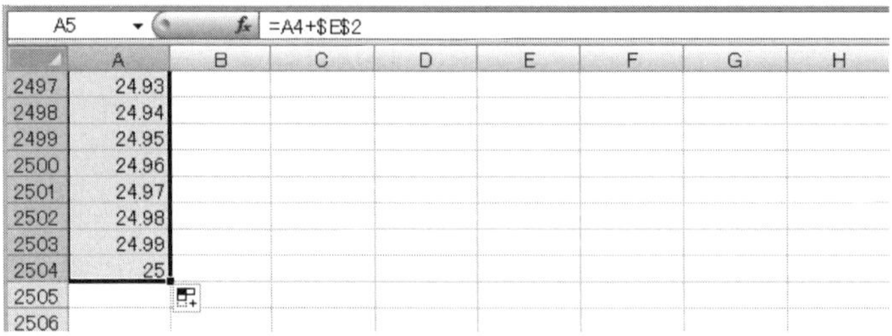

図 2.14　2504 行目で時刻は 25

4 個体数を計算する

さて，次はウサギとキツネの個体数の計算です．まずは次のステップにおけるウサギの個体数です．式 (2.7) をセル B5 に書きましょう (図 2.15)．$B_r, a, \Delta t$ の値は絶対参照としなければなりませんから $A$2 などのように書きます．$R(t)$ と $F(t)$ は一つ前のステップにおけるウサギとキツネの個体数ですから，それぞれ B4 と C4 です．

=(1+($A$2-$B$2*C4)*$E$2)*B4

次は，次ステップにおけるキツネの個体数です．式 (2.8) をセル C5 に書きましょう (図 2.16)．

=(1+($C$2*B4-$D$2)*$E$2)*C4

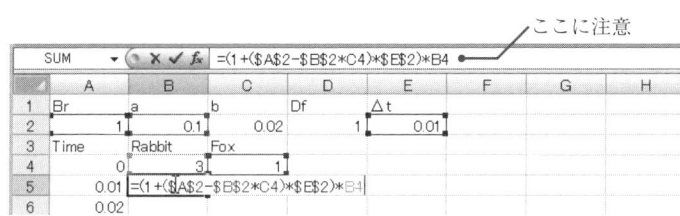

図 2.15　ウサギの個体数の計算

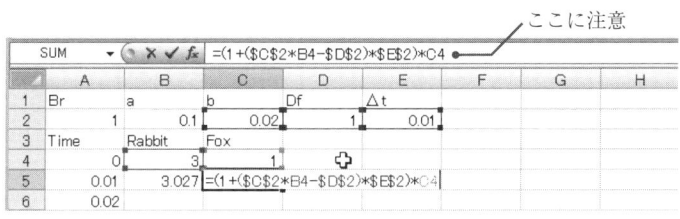

図 2.16　キツネの個体数の計算

5 コピーして全部を計算する

B5 と C5 は計算できましたか．これができれば後は同じことを繰り返せばいいわけです．まずセル B5 と C5 を選択してください (図 2.17)．選択した二つのセルの右下にポインタを合わせるとポインタは十字に変わります (図 2.18)．ここをダブルクリックしてください．時刻のデータが記入されている 2504 行目まで計算が自動的に行われます (図 2.19～2.20)．

第2章 ウサギとキツネの生態系

図 2.17 B5 と C5 のセルを選択

図 2.18 フィルハンドルの選択

図 2.19 ダブルクリックで全部を計算   図 2.20 計算された個体数

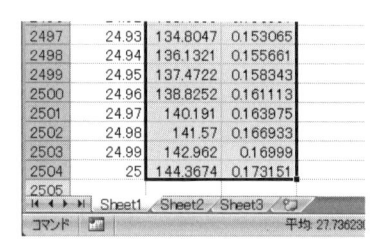

6 グラフを作成する

うまくいきましたか．ここまでできたらグラフを描きましょう．A をクリックして C までドラッグし，A, B, C 列を選択してください（図 2.21）．

図 2.21 A, B, C 列の選択

「挿入」タブの「グラフ」グループにある「散布図」から「散布図 (直線)」を選びましょう（図 2.22）．ウサギとキツネの個体数の時間的な変化がグラフとして描かれます（図 2.23）．

第 I 部 方程式でシミュレーション

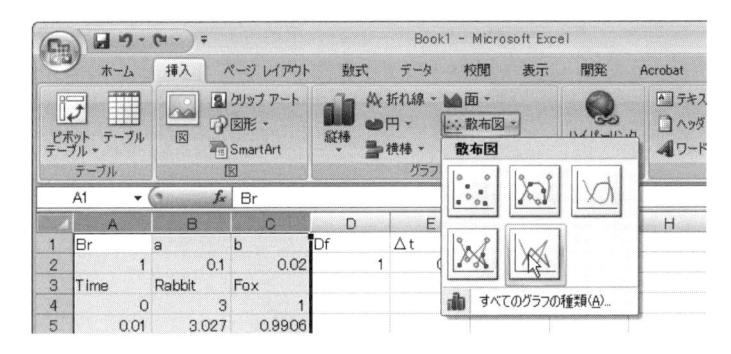

2.4 Excelで個体数をシミュレーション

図 2.22 散布図を選択

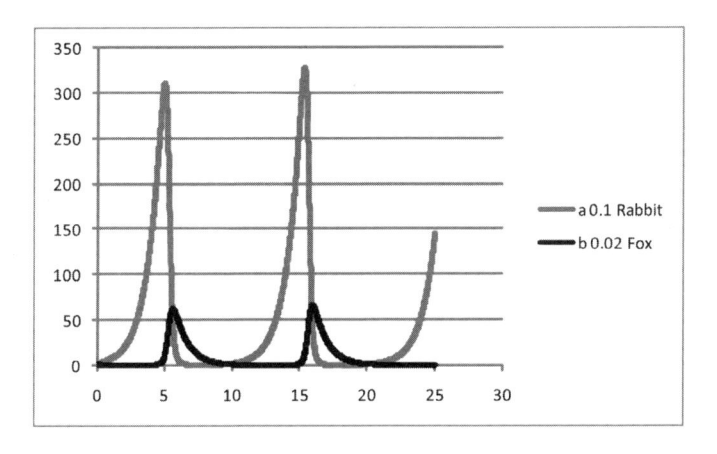

図 2.23 描かれたグラフ

もう少し書式を変更してみましょう．描いたグラフを選択しておいて，「グラフの種類の変更」をクリックします(図 2.24).

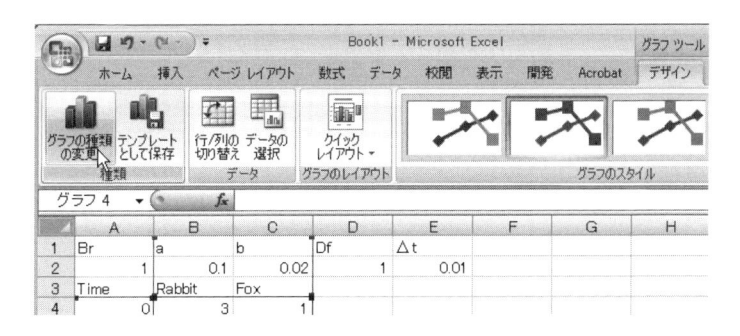

図 2.24 グラフの種類の変更

表示されるダイアログボックスの左にある「テンプレート」をクリックし，右のマイテンプレートから「シミュレーション(マーカーなし)」を選んで「OK」をクリックしましょう (図 2.25)．書式が変更されたグラフが描かれます (図 2.26).

図 2.25　マイテンプレートの選択

> ⚠ マイテンプレートに表示される「シミュレーション」などは第1章の「関数とグラフ」で定義したものです．これがまだ登録されていない場合には表示されません．

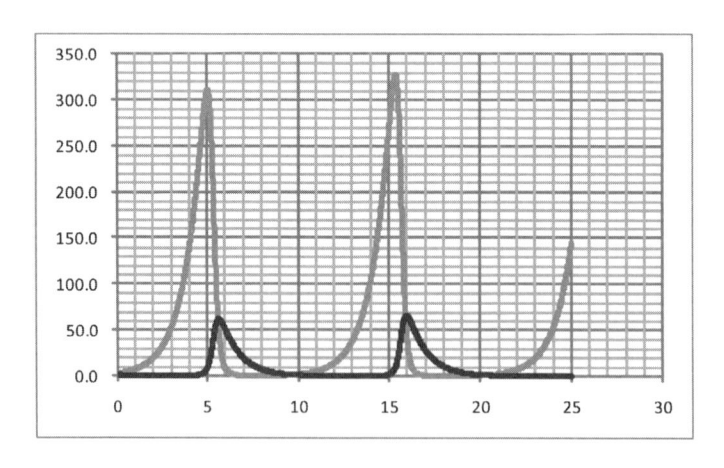

図 2.26　書式が変更されたグラフ

7 保存して終了

最後に，完成したブックに名前を付けて保存しましょう．左上の「Office」ボタンをクリックし，「名前を付けて保存」のメニューにある「Excel ブック」を選択してください．「ファイル名」のボックスに「ウサギとキツネ」などと入力して「保存」をクリックします．Excel 2010 では，「ファイル」タブからはじめます．

2.5 係数の決定

シミュレーションでは $B_r = 1$, $a = 0.1$, $b = 0.02$, $D_f = 1$ としました．これらの係数の値はどのように決めたらいいのでしょう．これらの値ははじめに示した実験を模擬できるように決めたのです．まず，

$$R(t + \Delta t) = (1 + (B_r - aF(t))\Delta t)\, R(t) \tag{2.7}$$

で $F(t) = 0$ の状態を考えてみましょう．キツネのいない草原は，ウサギにとっては楽園でしょう．時間が 1 ステップ進むたびに，すなわち，$\Delta t = 1$ だけ時間が進むたびに個体数は 2 倍に増殖していくでしょう．したがって，$F(t) = 0$ のとき $1 + B_r = 2$，すなわち $B_r = 1$ となります．次に

$$F(t + \Delta t) = (1 + (bR(t) - D_f)\Delta t)F(t) \tag{2.8}$$

で $R(t) = 0$ の状態を考えてみましょう．キツネは飢餓におそわれて，すべて死滅してしまうでしょう．したがって，$1 - D_f = 0$，すなわち $D_f = 1$ となります．

次は a と b です．これを決めるのは難しそうなので，いろいろ試してみました．その中で，$a = 0.1$, $b = 0.02$ としたときに実験とシミュレーションがよく合うようです．これを実験と比較して解釈をしてみましょう．

式 (2.7) で $B_r = 1$, $\Delta t = 1$, $a = 0.1$ としてみてください．式 (2.7) 右辺の係数は $2 - 0.1F$ ですから，キツネが 20 匹で係数が 0，それよりキツネが増加するとこの係数が負となってウサギの個体数は減少するでしょう．図 2.5 と比較すると，この設定は実験をよく模擬していることがわかります．

式 (2.8) で $D_f = 1$, $\Delta t = 1$, $b = 0.02$ としてみてください．式 (2.8) 右辺の係数は $0.02R$ ですから，ウサギが 100 匹となるとキツネの個体数は 2 倍となります．実験でウサギが 100 匹程度となると，ウサギの密度が高くなるためにキツネはウサギをほぼ確実に三匹以上食べることができて，ほぼ 100 ％の確率で増殖できるようになることと対応しています．

STUDY

■**ロトカ・ボルテラ方程式**式 (2.5) と式 (2.6) の両辺を Δt で割って，$\Delta t \to 0$ としたときの極限をとると

$$\lim_{\Delta t \to 0} \frac{R(t+\Delta t) - R(t)}{\Delta t} = (B_r - aF(t))R(t)$$

$$\lim_{\Delta t \to 0} \frac{F(t+\Delta t) - F(t)}{\Delta t} = (bR(t) - D_f)F(t)$$

となります．左辺が微分の定義となっていることを使って書き直すと次の微分方程式が得られます．

$$\frac{dR}{dt} = (B_r - aF)R \tag{2.9}$$

$$\frac{dF}{dt} = (bR - D_f)F \tag{2.10}$$

これは，**ロトカ・ボルテラ方程式**とよばれる有名な方程式です．この本では微分方程式を使わないで，直接，式 (2.7) と式 (2.8) を利用してシミュレーションをしています．

この章のポイント

■ 生態系の数学モデルを作る
■ 二つの変数 (ウサギとキツネの個体数) がある場合を考える

演習問題 2

2.1 係数 B_r の値だけを $B_r = 2$ と変更してシミュレーションを実行してみましょう．その結果は $B_r = 1$ のときとどのように違いますか．

2.2 係数 a の値だけを $a = 0.2$ と変更してシミュレーションを実行してみましょう．その結果は $a = 0.1$ のときとどのように違いますか．

2.3 係数 b の値だけを $b = 0.04$ と変更してシミュレーションを実行してみましょう．その結果は $b = 0.02$ のときとどのように違いますか．

2.4 ウサギとキツネのように捕食者と被食者の関係ではなく，供給に限りのある同じ食物をめぐって争う二つの種の生態系について考えてみましょう．

2.5 三つの種の生態系では，もっと複雑なシナリオが考えられます．たとえばウサギとキツネの他に草を考えてみましょう．草はウサギの餌になり，ウサギはキツネの餌になるというシナリオです．興味深いこの問題に挑戦してみましょう．

第3章 感染症の流行

インフルエンザのような感染症が流行する様子を，モデルを作って観察しましょう．SIR とよばれるモデルです．

3.1 インフルエンザの流行を予測する

　アジアを中心に，毒性の強い鳥インフルエンザウィルスが猛威を振るっています．いまだに有効な治療法は確立されず致死率も高いのですが，鳥インフルエンザは普通，ヒトからヒトへ感染することはありません．ところが，ウィルスが変異することによってヒトからヒトへ感染するようになる，いわゆる新型インフルエンザ発生の可能性が高くなっているのだそうです．これを追い越すように流行が拡大している豚に由来する新型インフルエンザも心配です．新型インフルエンザは，ヒトのほとんどが免疫を持っていないため，いったん発生すると世界的な大流行(パンデミック)が引き起こされる危険性があります．世界保健機関の予測によると，大流行した場合は世界中でなんと，500 万人〜1 億 5000 万人の死者が発生するといわれています．本当にそのような大流行が起こるのでしょうか．実は，感染症の大流行は歴史的にも何回か繰り返されていて，14 世紀のヨーロッパで流行した**ペスト**ではヨーロッパ人口の 3 分の 1 が死亡したといわれています．1918 年から翌 1919 年にかけて全世界で猛威を振るった**スペイン風邪**では，感染者 6 億人，死者 4000〜1 億人にのぼったそうです．

　世界保健機関による予測のような一種のシミュレーションの基礎となっているのは，Kermack (ケルマック) と McKendrick (マッケンドリック) による古典的な感染症流行モデル (1927) で，ペストなどの局地的な人口における急速かつ短期的な流行に関するモデルと考えられています．このモデルは，**感受性人口**，**感染人口**，**隔離**された人口によって構成されています．ある特定の感染症に対して，感受性人口とは，まだ**免疫**をもたず感染の可能性のある人々の数を意味します．感染人口とは，その時点で感染している人々の数です．隔離された人口というのは感染後に回復し免疫を獲得した人々，または感染が原因で死亡した人々の数です．隔離された人口はシミュレーションの対象外となるわけです．英語ではそれぞれ susceptible, infections, removed といいますので，数理モデルでは通常 S, I, R の記号で表します．

3.2 感染症流行の数学モデル

ある特定の感染症について考えましょう．この感染症にまだ免疫をもたず感染の可能性のある集団に感染者が混じったとします．感染はどのようにして拡大するのでしょうか．感染者が感染可能な人々に接触することによって感染が拡大すると考えられます．それなら，感染者が多いほど感染の増加が多いだろうことは容易に想像できます．また，感染可能な人口が多いほど増加が多いだろうことも想像できます．このように考えると，ある一定の時間が経過した後の感染者 I の増加数は，式 (3.1) のような方程式で書くことができます．

$$I(t+\Delta t) - I(t) = \lambda S(t)I(t)\Delta t \tag{3.1}$$

ここで Δt は経過時間，λ は比例定数です．すなわち，感受性人口 S が一定だとすると増加量は感染人口 I に比例しています．一方，感染人口が一定だとすると，やはり増加量は感受性人口に比例しています．経過時間 Δt が 2 倍になれば増加量も 2 倍，3 倍になれば増加量も 3 倍になるでしょうから Δt がかかっていることに注意しましょう．感染人口の増加は，そのまま感受性人口の減少を意味しますから，感受性人口 S の変化は式 (3.2) のように書くことができます．

$$S(t+\Delta t) - S(t) = -\lambda S(t)I(t)\Delta t \tag{3.2}$$

次に，感染者のその後を考えましょう．ここでは，全員回復して免疫を獲得すると考えることにします．隔離された人口 R は感染者が多ければ多いほど増加するでしょうから，式 (3.3) のように書くことができるでしょう．

$$R(t+\Delta t) - R(t) = \gamma I(t)\Delta t \tag{3.3}$$

γ は比例定数です．ここまで来たら，もう一度感染から回復までの過程をまとめて眺めてみましょう．感染から回復までの過程は図 **3.1** のようになっています．

感染人口は式 (3.1) のようなメカニズムで増加しますが，一方その人口の一部が回復して隔離された人口に移行することを忘れていました．回復した人口の分だけ

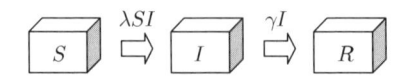

図 3.1 感染症の流行過程

感染人口は減少します．このことを考慮して，感染人口の変化は次のように修正しなければなりません．

$$I(t+\Delta t) - I(t) = \lambda S(t)I(t)\Delta t - \gamma I(t)\Delta t \tag{3.4}$$

これで感染症流行の数理モデルは完成です．式 (3.2)～(3.4) の左辺第 2 項を右辺に移行しておきましょう．

$$S(t+\Delta t) = S(t) - \lambda S(t)I(t)\Delta t \tag{3.5}$$

$$I(t+\Delta t) = I(t) + \lambda S(t)I(t)\Delta t - \gamma I(t)\Delta t \tag{3.6}$$

$$R(t+\Delta t) = R(t) + \gamma I(t)\Delta t \tag{3.7}$$

式 (3.5)～(3.7) を使ってシミュレーションをしてみましょう．

3.3 モデルの中の定数を決める

実際に計算する前に係数 λ と γ を決めておかなければなりません．まず時間 t の単位を 1 日としましょう．ある感染者が 1 日に平均 4 回の接触があるとしましょう．その 1 回の接触で 10000 分の 1 の確率で感染すると仮定すれば，$\lambda = 4 \times 0.0001 = 0.0004$ と見積もることができます．この数値は，たとえば，S が 1000 人で I が 1 人だったとき，$\Delta t = 10$ すなわち 10 日後には式 (3.1) から 4 人感染者が増加するというくらいの値です．また 1 日に感染者の 20 % が回復するとすれば，$\gamma = 0.2$ となります．さあ，準備は完了です．Excel を使って感染拡大の様子をシミュレーションしてみましょう．

3.4 Excel で感染症の流行をシミュレーション

式 (3.5)～(3.7) の右辺にある量は定数 γ，λ または時刻 t における感受性人口，感染人口，隔離された人口です．したがって，時刻 t における各人口がわかっていれば右辺を計算することができます．式 (3.5)～(3.7) はこの結果が，時刻が Δt だけ進んだ次の時間ステップにおける各人口，$S(t+\Delta t)$，$I(t+\Delta t)$，$R(t+\Delta t)$ となることを意味しています．こんな計算は Excel なら簡単です．

第3章 感染症の流行

1 Excel を起動して見出しを入力する

Excel を起動して計算を開始しましょう．新しいブックの Sheet1 のセル A1 に「t」B1 に「S(t)」C1 に「I(t)」D1 に「R(t)」F1 に「$\lambda =$」F2 に「$\gamma =$」と記入します (図 3.2)．

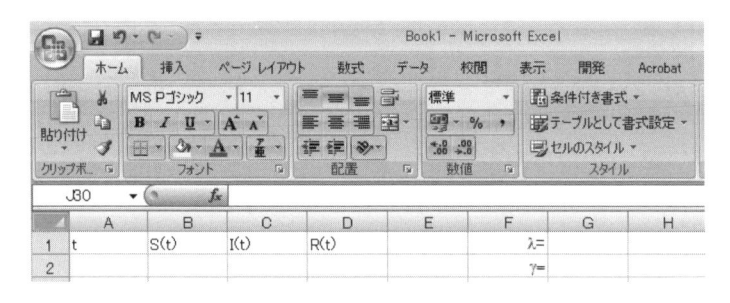

図 3.2　新しい Book に見出しを記入する

2 初期値と定数を入力する

時刻の初期値を 0，感受性人口，感染人口，隔離された人口の初期値をそれぞれ 1000 人，1 人，0 人とします．また，定数は先ほどの $\lambda = 0.0004, \gamma = 0.2$ です．セル A2 に「0」B2 に「1000」C2 に「1」D2 に「0」G1 に「0.0004」G2 に「0.2」と入力します (図 3.3)．

図 3.3　初期値と定数を記入する

3 時刻を設定する

時間間隔 (または時間増分) Δt を 0.1 日と考えるとセル A3，A4，A5 はそれぞれ 0.1，0.2，0.3 と増加します．90 日後までを計算して予測したいと思いますが，これをすべてキーボードから入力したのでは手間がかかりすぎますね．そこで，「連続データの作成」という方法を使うことにしましょう．セル A2 をクリックして選択し，「ホーム」タブにある「編集」グループの下向きの矢印で表示されている「フィル」メニューから「連続データの作成」を選択します (図 3.4)．表示されるダイアログボックスで「範囲」を「列」，「種類」を「加算」とし，「増分値」に「0.1」ま

3.4 Excelで感染症の流行をシミュレーション

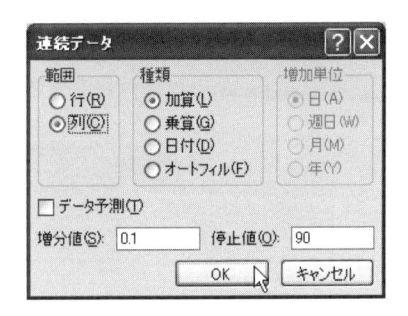

図 3.4 連続データの生成

図 3.5 連続データの設定

図 3.6 生成された連続データ

た,「停止値」に「90」を入力して「OK」をクリックます (図 3.5). すると, 自動的に 0 から 90 までの数値が A 列に生成されます (図 3.6).

4 人口を計算する

次は人口の計算です. まず, 0.1 日後の感受性人口 $S(t+\Delta t)$ を式 (3.5) を使って計算しましょう. λ はいつでもセル G1 に書かれた値を使わなければなりませんから絶対参照です. すなわち, $G$1 と書くわけです. $S(t)$ と $I(t)$ とは一つ前の感受性人口と感染人口ですから, それぞれ B2 と C2 です. Δt は 0.1 ですね. したがって, セル B3 には次のように書けばいいでしょう (図 3.7).

```
=B2-$G$1*B2*C2*0.1
```

図 3.7 感受性人口の計算

次は感染人口です．同じように式 (3.6) を使えば

=C2+($G$1*B2*C2-$G$2*C2)*0.1

となります (図 **3.8**).

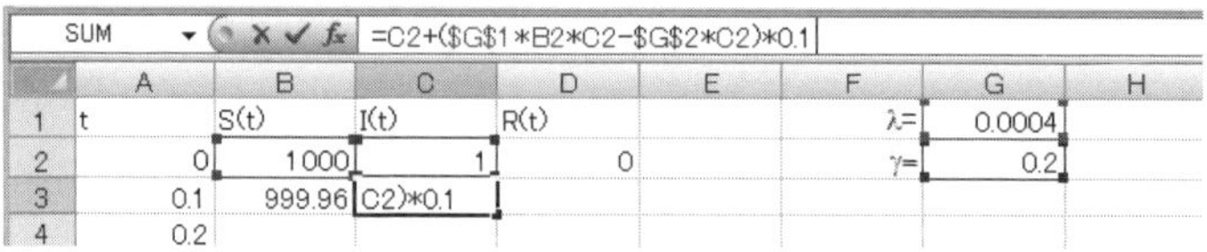

図 **3.8** 感染人口の計算

隔離された人口も式 (3.7) を使って次のように書きましょう (図 **3.9**).

=D2+$G$2*C2*0.1

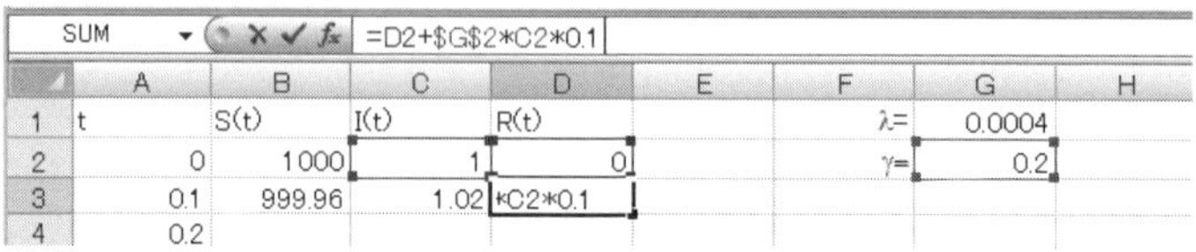

図 **3.9** 隔離された人口の計算

5 コピーして全部を計算する

セル B3，C3，D3 は計算できましたか．これができれば後は同じことを繰り返せばいいわけです．まずセル B3，C3，D3 を選択してください．これにはセル B3 をクリックしたまま D3 までドラッグすればいいでしょう．選択した三つのセルの右下にポインタを合わせるとポインタは十字に変わります (図 **3.10**)．これをダブルクリックしてください．時刻のデータが記入されている 902 行目まで計算が自動的に行われます (図 **3.11**).

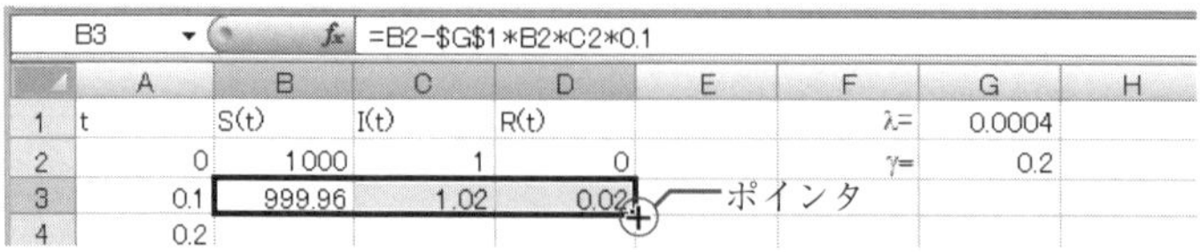

図 **3.10** フィルハンドルをダブルクリック

3.4 Excelで感染症の流行をシミュレーション

図 3.11 計算の終了

6 グラフを作成する

結果をグラフに描いてみましょう．Aをクリックして D までドラッグし，A〜D列を選択してください(図 **3.12**)．「挿入」タブにある「グラフ」グループの「散布図」のメニューから「散布図 (直線)」を選びます(図 **3.13**)．三種類の人口の時間的変化がグラフとして表示されます(図 **3.14**)．このままでも立派なグラフですが，もう少し手を加えましょう．描いたグラフが選択されているとリボンに「グラフツール」が表示されているでしょう．

図 3.12 A〜D 列を選択

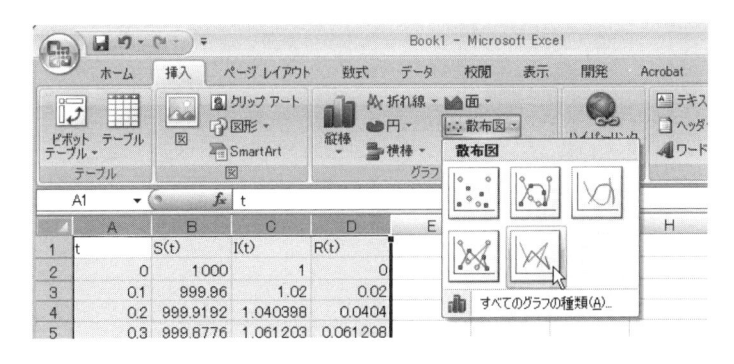

図 3.13 散布図を指定

第 I 部 方程式でシミュレーション

第 3 章　感染症の流行

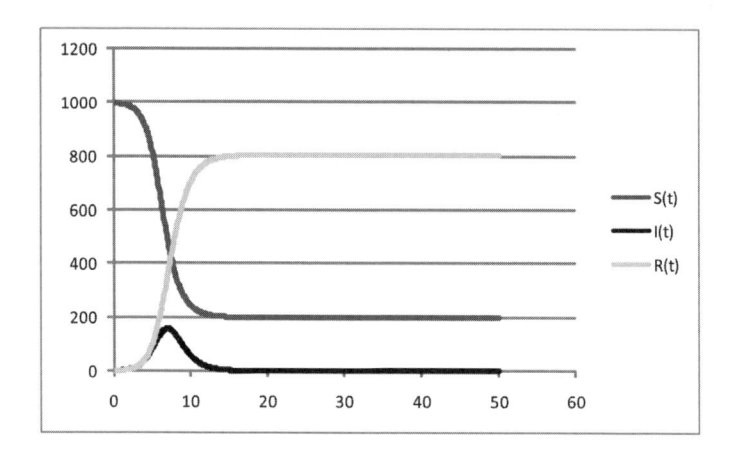

図 3.14　描かれたグラフ

この中の「デザイン」タブにある「グラフの種類の変更」をクリックします (図 3.15). 表示されるダイアログボックスで「テンプレート」をクリックし,「マイテンプレート」の中の「シミュレーション (マーカーなし)」を選択して「OK」をクリックします (図 3.16).

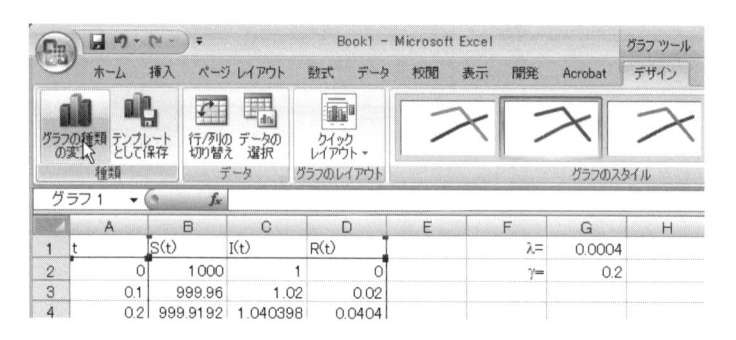

図 3.15　グラフ種類の変更

図 3.16 マイテンプレートの利用

⚠ マイテンプレートに表示される「シミュレーション」などは第1章の「関数とグラフ」で定義したものです．これがまだ登録されていない場合には表示されません．

目盛り付きのグラフに変わります (図 3.17)．さらに，「グラフツール」の「レイアウト」タブにある「凡例」メニューから「凡例を右に重ねて配置」を選択しましょう (図 3.18)．Excel の表の見出しに書いた $S(t)$, $I(t)$, $R(t)$ が凡例として表示されます (図 3.19)．

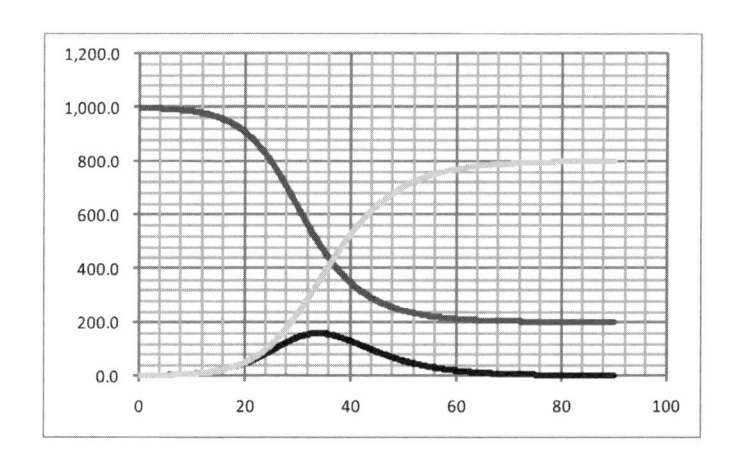

図 3.17 修正されたグラフ

第 I 部 方程式でシミュレーション

図 3.18 凡例の配置

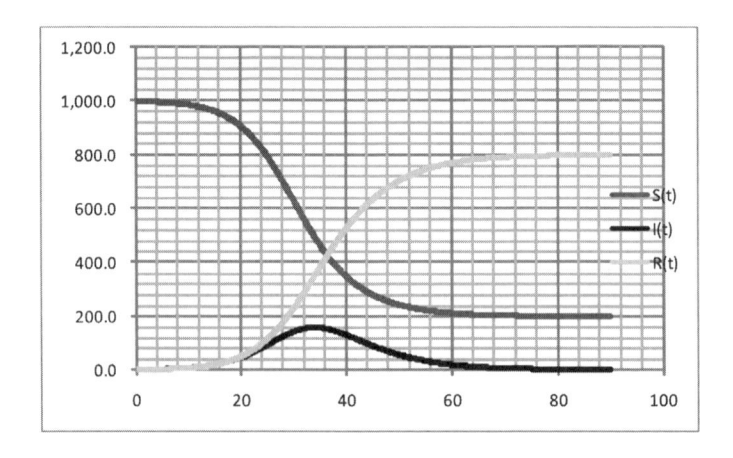

図 3.19 完成したグラフ

7 保存して終了する

最後に名前を付けてファイルを保存しましょう．左上の「Office」ボタンをクリックし，「名前を付けて保存」のメニューにある「Excel ブック」を選択してください．「ファイル名」のボックスに「感染症の流行」などと入力して「保存」をクリックします．Excel 2010 では，「ファイル」タブからはじめます．

3.4 Excelで感染症の流行をシミュレーション

✏ STUDY

■ケルマック・マッケンドリック微分方程式

式 (3.5), (3.6), (3.7) の右辺第 1 項を移項し Δt で割って，$\Delta t \to 0$ としたときの極限を考えましょう．すると，

$$\lim_{\Delta t \to 0} \frac{S(t+\Delta t) - S(t)}{\Delta t} = -\lambda S(t)I(t) \tag{3.8}$$

$$\lim_{\Delta t \to 0} \frac{I(t+\Delta t) - I(t)}{\Delta t} = \lambda S(t)I(t) - \gamma I(t) \tag{3.9}$$

$$\lim_{\Delta t \to 0} \frac{R(t+\Delta t) - R(t)}{\Delta t} = \gamma I(t) \tag{3.10}$$

となります．式 (3.8), (3.9), (3.10) の左辺が微分の定義になっていることを考慮すると次の微分方程式が得られます．

$$\left. \begin{aligned} \frac{dS}{dt} &= -\lambda S(t)I(t) \\ \frac{dI}{dt} &= \lambda S(t)I(t) - \gamma I(t) \\ \frac{dR}{dt} &= \gamma I(t) \end{aligned} \right\} \tag{3.11}$$

式 (3.11) は感染症の流行をモデルとした微分方程式です．ケルマック・マッケンドリック微分方程式または **SIR** モデルとよばれます．

この章のポイント

■ ケルマック・マッケンドリックの SIR モデルを理解する
■ パラメータや初期値の違いによって生じる様々な現象を観察する

演習問題 3

3.1 図 3.20 のように感受性人口の初期値だけを 100 人にしてみましょう．計算結果は図 3.21 のようになりましたか．さて，何が起こったのでしょうか．その理由も考えてみましょう．

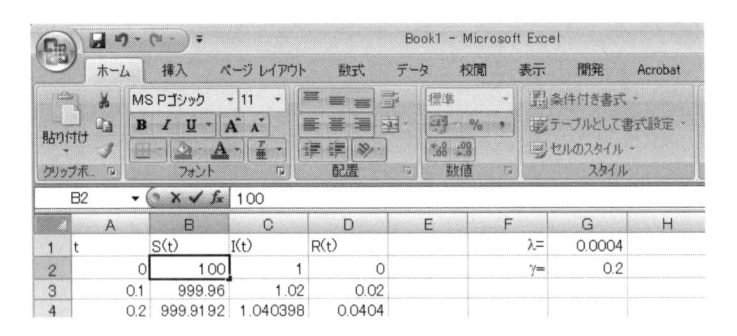

図 3.20 感受性人口の初期値を 100 人に

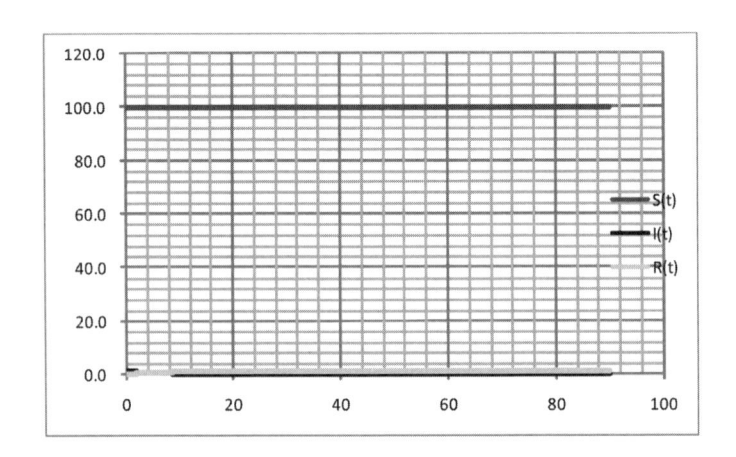

図 3.21 計算結果

3.2 その他，λ や γ を変えていろいろな場合のシミュレーションを試してみましょう．パンデミック (世界的に拡大していく状態) やエピデミック (急速に流行していく状態) は観察されましたか．

第4章 小さな穴から漏れる水

ボトルにあいた小さな穴から噴出する水の水位と時間の関係を予測してみましょう．ペットボトルなどで簡単に実験できますから，計算と比較してみると面白いでしょう．

4.1 ペットボトルに穴をあけると

　小さな穴から水が漏れる様子を観察したことはありませんか．ビニール袋に開いた小さな穴，ペットボトルなどの容器に開いた小さな穴など何でもいいのですが，ここで扱うのはじわじわしみ出るような水ではなく，勢いよく噴き出す水です．

　大きな酒樽や醤油樽から噴出する酒や醤油の場合でも，キャンプなどで使う飲料水タンクから噴出する水の場合でも初めは勢いよく噴出します．時間が経過して残り少なくなるとだんだん勢いがなくなってきますね．ペットボトルの下の方に小さな穴を開けて水を入れ，噴出する様子を観察すると，水がなくなるまでの時間は，初めに予想した時間より意外と長くかかるようです．

4.2 ペットボトルで実験

　では，実験をはじめましょう．透明なペットボトルを用意して，ボトルの底に近い側面に直径 2〜3 mm の穴を開けましょう．ペットボトルの形は，できるだけストレートなものがいいでしょう．次にボトルの外側に 1 cm 間隔の目盛りをつけます．穴の中心が 0 cm となるようにして，上へ順に 1 cm, 2 cm ⋯ とします．10 cm〜20 cm あれば十分でしょう．ボトルに水を入れて，実験を開始しましょう．このとき，ボトルの蓋ははずしておきます．

　ボトルには穴が開いていますので水は流出しますから，水位はしだいに下がっていきま

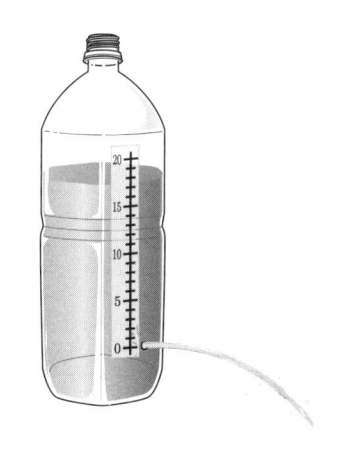

図 4.1 穴のあいたペットボトル

す．水位が下がる時間を 1 cm ごとにストップウォッチで測定します．この実験を 3, 4 回繰り返して記録をとり，平均値を計算しましょう．**表 4.1** はこのようにして得られた実験結果です．

表 4.1　ペットボトルの実験結果

高さ (cm)	20	19	18	17	16	15	14	13	12
1 回目	0	21	43	66	90	112	135	164	187
2 回目	0	22	44	65	90	111	134	165	187
3 回目	0	21	44	66	91	113	135	164	188
平均時間 (秒)	0	21.33	43.67	65.67	90.33	112	134.7	164.3	187.3
高さ (cm)	11	10	9	8	7	6	5	4	3
1 回目	215	246	279	312	347	390	435	485	545
2 回目	216	247	279	313	350	390	436	486	546
3 回目	215	246	278	312	348	389	435	486	544
平均時間 (秒)	215.3	246.3	278.7	312.3	348.3	389.7	435.3	485.7	545

4.3　穴から漏れる水の数学モデル

まず，重要な変数を決定しましょう．ボトルに凸凹がなく断面が一定だとすれば，重要なのは穴から水面までの高さでしょう．もちろん水が流れ出し始めてからの時間も重要です．さらにボトルの中の (穴より上にある) 水の体積も関係しています．水面までの高さを h [cm]，時間を t [秒]，水の体積を u [cm^3] としましょう．高さ h も体積 u も時間とともに変化しますから，正確に書けば $h(t)$，$u(t)$ です．

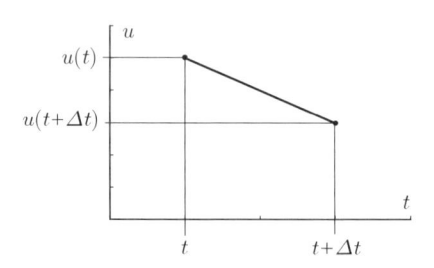

図 4.2　体積の減少

ある時刻 t における体積 $u(t)$ は，時間区間 Δt が経過した後に減少して $u(t + \Delta t)$ となっています．時間区間 Δt が十分小さければこの間の変化は図 **4.2** のように直線的であると考えられます．すると，時間区間 Δt が 2 倍 3 倍になれば体積の変化も 2 倍 3 倍になりますから，体積の変化 $u(t + \Delta t) - u(t)$ は時間区間 Δt の大きさ

に比例するとも考えられます．したがって，比例係数を仮に λ とすると体積の変化は式 (4.1) のように書くことができます．λ の前に付けた負の符号は，体積が減少することを意味しています．

$$u(t + \Delta t) - u(t) = -\lambda \Delta t \tag{4.1}$$

体積の変化は，水面の高さとなって現れます．ボトルの底面積を A とすると，

$$u(t) = Ah(t) \tag{4.2}$$

したがって，式 (4.1) は次のようになります．

$$Ah(t + \Delta t) - Ah(t) = -\lambda \Delta t \tag{4.3}$$

ところで観察からも明らかですが，水がたくさん残っていて水面が高いときと，穴の近くまで水面が下がってきたときでは，噴出する水のいきおいに差があります．水面が高いときには，体積の変化は早く，水面が下がってくると体積の変化が遅くなってきます．すなわち，式 (4.3) の右辺の比例係数 λ は，高さ h に依存するのです．

実は，この関係は**トリチェリ** (1644 年) によって明らかになっています．トリチェリは「**粘性のない液体が容器の穴から噴出するとき，穴の面積が十分小さいならば，穴における噴出速度** v は

$$v = \sqrt{2gh} \tag{4.4}$$

で与えられる」と述べています．これはトリチェリの定理とよばれます．ここで，g は**重力加速度**です．**噴出速度** v というのは，単位時間に面積 1 の穴から噴出する水の体積です．式 (4.1) で導入した λ はボトルに開いた穴から単位時間に噴出する水の体積を意味しますから，

$$\lambda = av = a\sqrt{2gh} \tag{4.5}$$

となります．1 cm^2 の穴から毎秒 v の水が噴出するのですから，小さな穴の面積が a なら毎秒 av の水が噴出するというわけです．これを式 (4.3) に代入すると

$$Ah(t + \Delta t) - Ah(t) = -a\sqrt{2gh(t)}\Delta t \tag{4.6}$$

A で割ると

$$h(t + \Delta t) - h(t) = -\frac{a}{A}\sqrt{2gh(t)}\Delta t \tag{4.7}$$

式 (4.7) の左辺第二項を右辺に移項すると

$$h(t+\Delta t) = h(t) - \mu\sqrt{h(t)}\Delta t \tag{4.8}$$

となります.ここで,$\mu = a\sqrt{2g}/A$ としています.式 (4.8) の右辺は,時刻 t における水面の高さ $h(t)$ と係数 μ がわかれば計算できますから,この式を使って少しだけ時間の経過した時刻 $t + \Delta t$ における高さ $h(t + \Delta t)$ を次々と計算していくことができるでしょう.

4.4 Excel で穴から漏れる水をシミュレーション

さあ,Excel の出番です.その前に,係数 μ を計算しておきましょう.表 4.1 で示した実験ではペットボトルには多少の凸凹がありましたが,断面はほぼ長方形で辺の長さは 8.5 cm と 10 cm とみなして $A = 8.5$ cm $\times 10$ cm $= 85$ cm^2,穴の直径 1.6 mm として $a = 0.08$ cm $\times 0.08$ cm $\times 3.14 = 0.0201$ cm^2,重力加速度は 980 cm/s^2 ですから

$$\frac{a\sqrt{2g}}{A} = \frac{0.0201 \times \sqrt{2 \times 980}}{85} = 0.01047 \tag{4.9}$$

穴のサイズは計算に大きく影響します.また,水の**粘性**のためか,見かけの寸法よりも若干小さな値で計算するといいようです.

> ⚠ 水には意外に粘りけがあり,穴のまわりにくっついて離れにくい性質があります.そのくっついた部分のために穴の直径が少々小さくなっていると考えられます.

▶1 Excel を起動して準備する

さっそく,Excel で計算を開始しましょう.Excel を起動して,まず見出しを書きましょう.A1 セルには「時間」,B1 セルには「高さ」,C1 セルには「実験値」と記入してください.D1 セルには「$\mu =$」(ギリシャ文字のミュー:フォントを Symbol にしてキーボードの m を入力)と記入しましょう.右揃えにするといいでしょう(図 **4.3**).次に初期値の入力です.時間のはじめは 0 秒,そのときの水面の高さは 20 cm ですから,A2 セルには 0,B2 セルには 20 を入力します.係数 μ は式 (4.9) の 0.01047 を入力します(図 **4.4**).

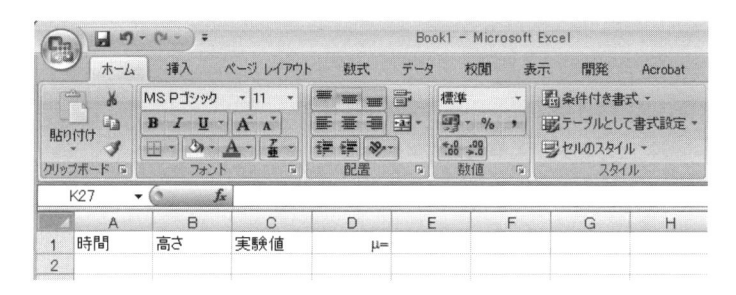

4.4 Excelで穴から漏れる水をシミュレーション

図 4.3 見出しの入力

図 4.4 係数 μ と初期値の入力

2 時間列を生成する

さて，時間の列をすべて完成させましょう．時間は，0 からはじめて 0.1 秒間隔で増加させます．A2 セルをもう一度クリックして選択し (図 4.5)，「ホーム」タブにある「編集」グループの「フィル」→「連続データの作成」と進みます (図 4.6)．表示された「連続データ」ダイアログボックスで範囲を「列」，種類を「加算」，増分値を「0.1」，停止位置を「550」と設定し，「OK」をクリックします (図 4.7)．時間の列に連続データが生成されたでしょう (図 4.8).

図 4.5 A2 セルを選択

第 I 部　方程式でシミュレーション

第 4 章 小さな穴から漏れる水

図 4.6 連続データの作成を選択

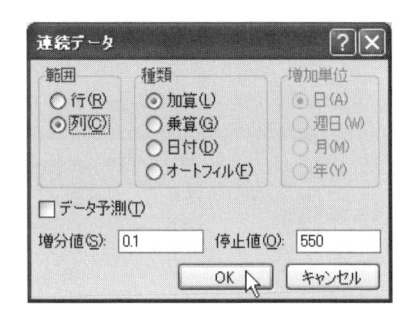

図 4.7 列，加算，増分値を設定

図 4.8 生成された時間のデータ

3 水面の高さを計算する

今度は，高さの時間的変化を式 (4.8) を使って計算しましょう．B3 セルをクリックして選択し，次のように入力して ENTER キーを押します．

=B2-$E$1*SQRT(B2)*0.1

式 (4.8) と比較してください．係数 μ は E1 セルに書いてありますが，どの時刻においても E1 セルの値を使いますから，絶対参照 $E$1 としています．平方根の計算には SQRT( ) を使います．時間間隔は，連続データの作成の時に設定した 0.1 と一致していなければなりません (図 4.9)．もう一度 B3 セルをクリックします．右下のフィルハンドルをダブルクリックすると (図 4.10)，時間のデータが入力されているところまでコピーされます (図 4.11)．これで計算は終了です．

図 4.9 計算式を入力

4.4 Excelで穴から漏れる水をシミュレーション

図 4.10 フィルハンドルをダブルクリック

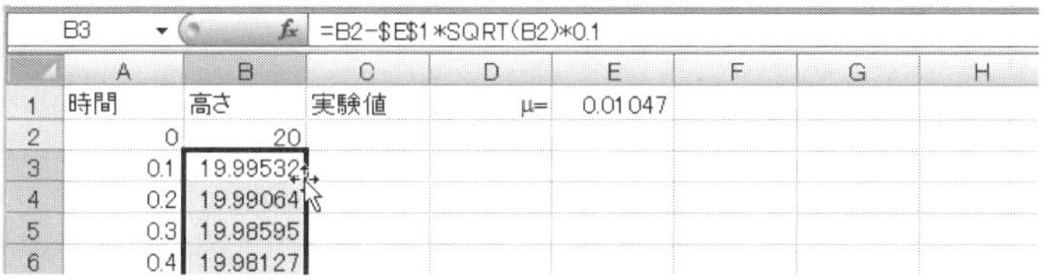

図 4.11 計算された水面の高さ

4 ▶ 実験値を入力する

次に，実験値を入力しましょう．実験値は表4.1の値を使います．計算では時間間隔を0.1としましたが，実験では水面の高さが 19 cm, 18 cm, 17 cm, 16 cm … となったときの時間が記録されていますので，その平均値を使って一番近いセルに記入していきましょう．たとえば，高さが19cmとなるのは平均で21.33秒ですから，一番近い21.3秒のところに19を入力します (図 4.12)．同じようにして，すべてのデータを入力しましょう．

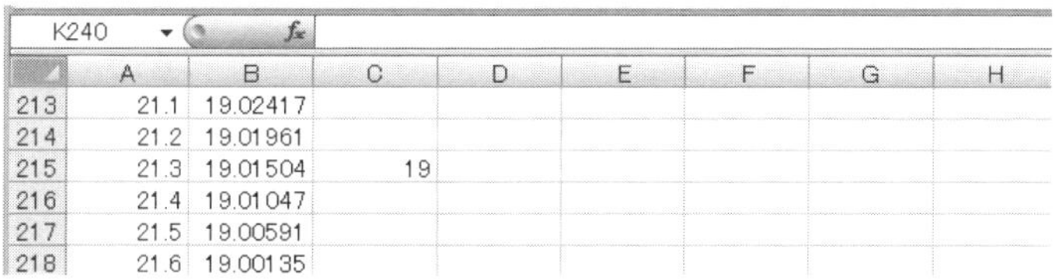

図 4.12 実験値の入力

5 ▶ グラフを作成する

さて，すべてのデータが完成しましたので，これをグラフに描きましょう．Aをクリックしたまま Cまでドラッグして A，B，C列を選択します (図 4.13)．「挿入」タブの「グラフ」グループにある「散布図」から「散布図 (直線とマーカー)」を選びましょう (図 4.14)．理論による水面の高さの時間的な変化とその実験値がグラフとして描かれます (図 4.15)．

第 I 部 方程式でシミュレーション

図 4.13　A, B, C 列を選択

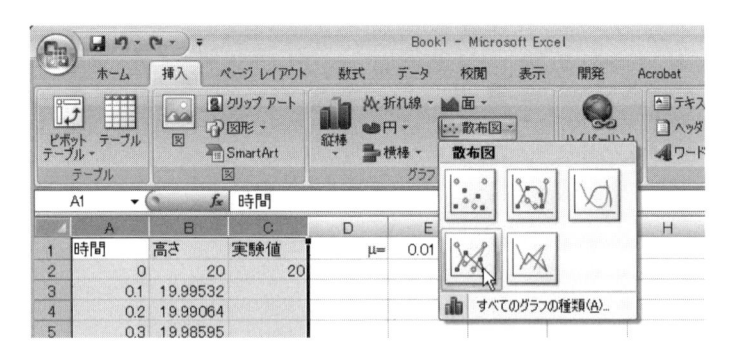

図 4.14　散布図を選択

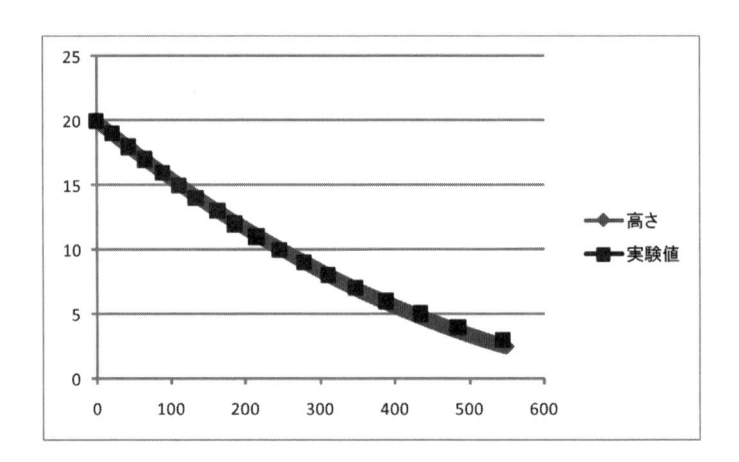

図 4.15　描かれたグラフ

　もう少し書式を変更してみましょう．描いたグラフを選択しておいて，「グラフの種類の変更」をクリックします（図 4.16）．表示されるダイアログボックスの左にある「テンプレート」をクリックし，右のマイテンプレートから「シミュレーション (マーカーあり)」を選んで「OK」をクリックしましょう（図 4.17）．書式が変更されたグラフが描かれます（図 4.18）．

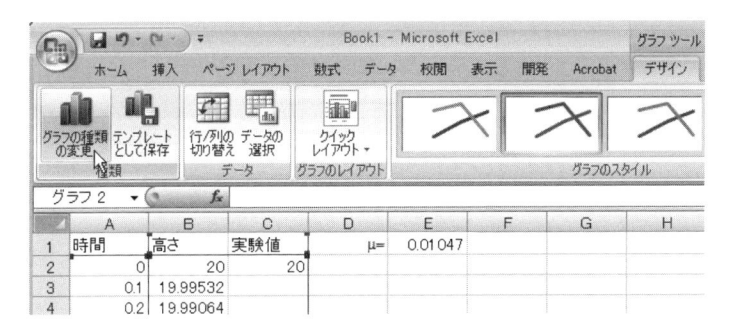

4.4 Excelで穴から漏れる水をシミュレーション

図 4.16　グラフ種類の変更

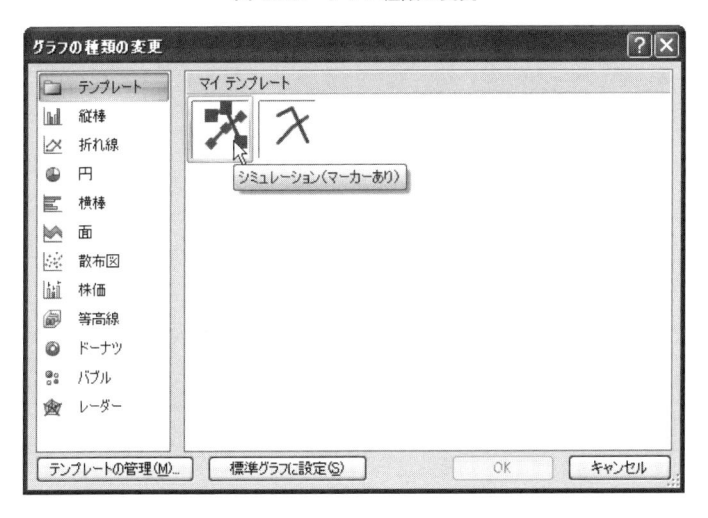

図 4.17　マイテンプレートの選択

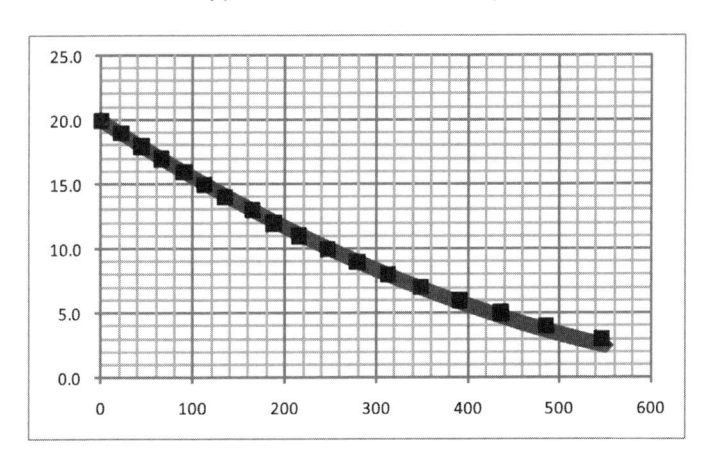

図 4.18　書式が変更されたグラフ

第 I 部　方程式でシミュレーション

第4章 小さな穴から漏れる水

さらに「高さ」(水面の高さの理論値) の書式を変更しましょう．グラフの「高さ」曲線のどこかにマウスを合わせ (図 4.19)，右クリックします．表示されたメニューから「データ系列の書式設定」を選択します (図 4.19)．「データ系列の書式設定」ダイアログボックスで左の「系列のオプション」から「マーカーのオプション」を選び，「マーカーの種類」を「なし」に設定して「閉じる」をクリックしてください (図 4.20)．先ほどのグラフより見やすいグラフとなったでしょう (図 4.21)．

> ⚠ マイテンプレートに表示される「シミュレーション」などは第1章の「関数とグラフ」で定義したものです．これがまだ登録されていない場合には表示されません．

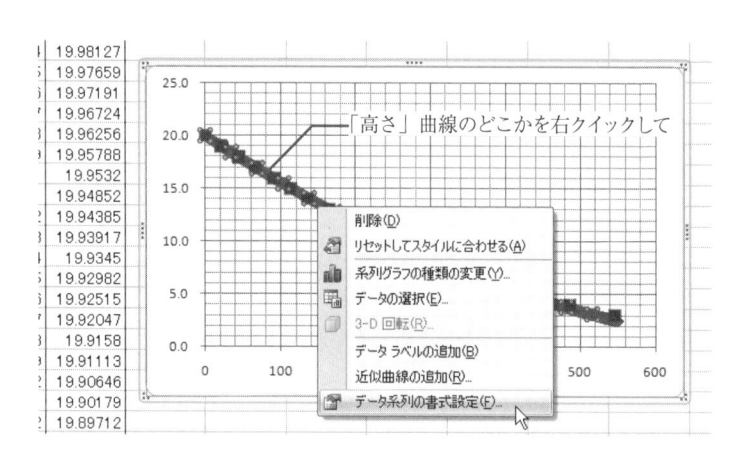

図 4.19　データ系列の書式設定を選択

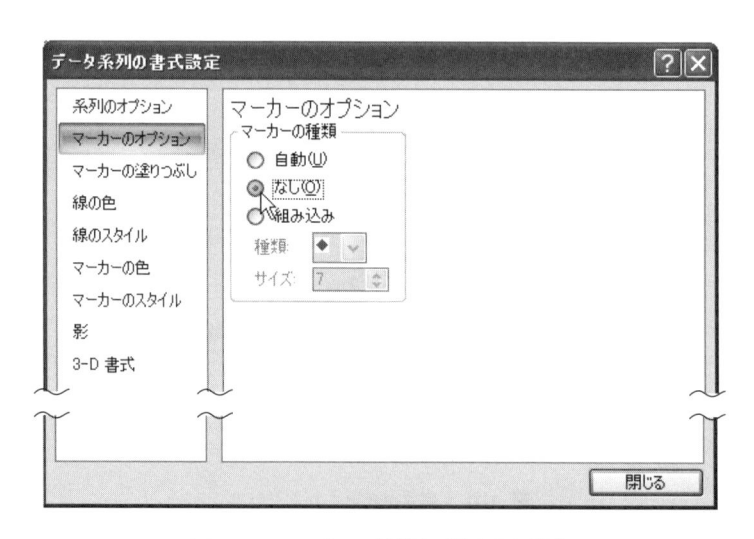

図 4.20　マーカーの種類を「なし」に設定

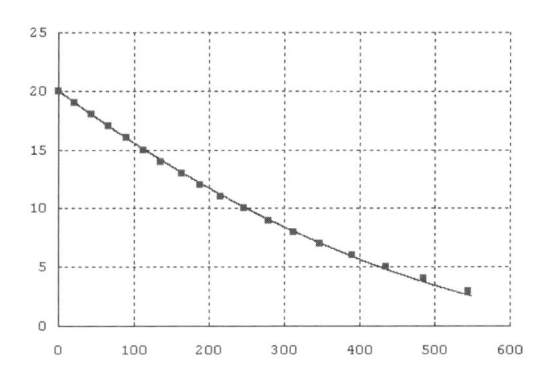

図 4.21　完成したグラフ

6　保存して終了

最後に，すべてのデータを保存して終了しましょう．左上の「Office」ボタンをクリックし，「名前を付けて保存」のメニューにある「Excel ブック」を選択してください．ファイル名を「穴から漏れる水」などとして保存をクリックすれば終了です．Excel 2010 では，「ファイル」タブからはじめます．

この章のポイント
- 実験をよく観察する
- トリチェリの法則を使って，数学モデルを作る
- 実験とシミュレーションを比較する

STUDY

■変数分離型の微分方程式

式 (4.7) の両辺を Δt で割って，$\Delta t \to 0$ としたときの極限をとると

$$\lim_{\Delta t \to 0} \frac{h(t+\Delta t) - h(t)}{\Delta t} = -\mu\sqrt{h(t)} \tag{4.10}$$

となります．左辺が微分の定義になっていることを使って書き直すと，次の微分方程式が得られます．

$$\frac{dh}{dt} = -\mu\sqrt{h(t)} \tag{4.11}$$

ここでも，$\mu = a\sqrt{2g}/A$ としています．この微分方程式には未知関数 $h(t)$ の平方根の項が含まれています．この微分方程式は**変数分離形**の微分方程式とよばれ，次のように比較的簡単に解を求めることができます．

$$\int \frac{1}{\sqrt{h}}\, dh = \int -\mu\, dt \tag{4.12}$$

すなわち，解は

$$\sqrt{h} = -\frac{\mu t}{2} + c \tag{4.13}$$

となります．ここで，c は積分定数とよばれる定数で，この場合にははじめの水位の平方根に等しくなります．

演習問題 4

4.1 漏れた水の量の時間的変化を計算できるように修正して，グラフを作りましょう．

4.2 穴から出る水の噴出速度の時間的変化を計算できるように修正して，グラフを作りましょう．

4.3 時間区間 Δt を 60, 30, 10, 5, 1 (秒) として計算した場合をグラフで比較しましょう．60 秒と 30 秒との結果では差がまだ大きいようですが，5 秒と 1 秒との差はほとんどありません．これを「**収束**」とよびます．$\Delta t = 0.1$ は時間間隔として十分小さな値だったことがわかります．

4.4 穴の直径を少し変えて，その影響を調べてみましょう．

4.5 位置 (高さ) の異なる複数の穴がある場合を考えてみましょう．

第5章 アーチ橋のデザイン

ガウディをはじめ多くの建築家たちが形を決めるのに用いたある一つの方法について，シミュレーションを通して考えましょう．

5.1 形と強度の関係

　私たちの身のまわりにはたくさんの工業製品があります．コーヒーカップなどのごく日常的な道具から超高層ビルなど巨大な構造物までいろいろです．そしてそれぞれが，さまざまな「形」をもっています．「形」が使いやすさや美しさと密接に関連していことは誰もが認めるところでしょう．ですから，設計するときには「機能」と「美しさ」という視点はもちろん大切ですが，一方，すぐに壊れてしまうようでは困りますから「強度」を考慮した設計も重要です．そして，その「強度」が「形」とまた密接に関連していることもご理解いただけるのではないでしょうか．「強度」と「形」の観点から最適なデザインをいかにして見つけ出すかについて考えましょう．

　ところで，**ガウディ**をご存じの方は多いでしょう．スペイン・カタロニアの生んだ建築家アントニオ・ガウディ・イ・コルネット(1852-1926年)です．多くの彼の作品の中でスペインのバルセロナに建設中の教会**サグラダ・ファミリア**はあまりに有名です．建設中とはいっても，この建設が始まったのは1882年ですからもう120年以上も工事が続いていて，予測によると完成は2256年前後だそうです．そのスケールの壮大さには驚かされます．ガウディは，その設計において有名な「**逆さ吊り模型**」による実験を行いました．網状の糸におもりを数個取り付け，その網の描く形態を上下反転したものが，垂直加重に対する自然で丈夫な構造形態だと考えたのです．

　同じような実験から形を決めた例が日本にもありました．山口県岩国市の錦川に架橋された木造の**アーチ橋「錦帯橋」**です(図5.1)．1673年(延宝元年)に完成したこの橋は，**児玉九郎右衛門**の設計によるとされています．これまで錦帯橋のアーチ形状は円弧であると考えられていましたが，近年，**カテナリー曲線**(**懸垂線**)である可能性を複数の研究者が指摘し始めています．カテナリー曲線は，ロープや電線，鎖などの両端を持って垂らしたときにできる曲線です(図5.2)．ところで，ロープ

は曲げや圧縮にはほとんど抵抗できませんが，引っ張りに対しては最大の効果を発揮できます (図 5.3)．実はカテナリー曲線は，その引っ張りだけで抵抗している形なのです．そこで，カテナリー曲線を何かの方法で固めて逆さにすることを考えてみましょう (図 5.4)．逆さにしたために，今度は圧縮だけで抵抗するようになります．もし，橋をカテナリー曲線でデザインしたなら，石で積み上げてつくっても接着剤などの必要もなく，非常に強固な橋をつくることができるのです．

図 5.1 錦帯橋 (岩国市提供)

図 5.2 鎖で実験

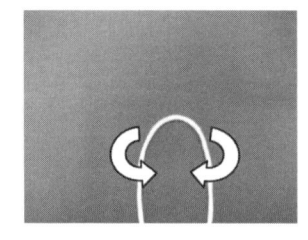

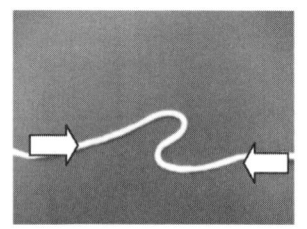

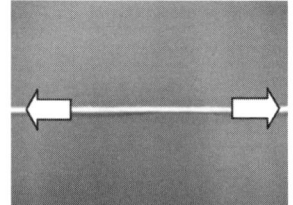

図 5.3 ロープの曲げ，圧縮，引っ張り

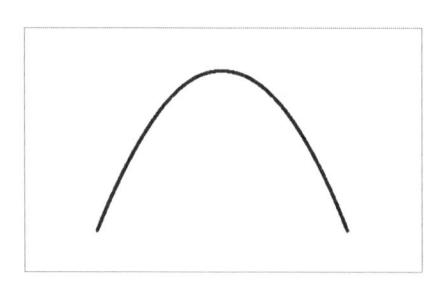

図 5.4 逆転したカテナリー曲線

5.2 カテナリー曲線の数学モデル

図 5.5 のような座標系でカテナリー曲線を考えましょう．この図でカテナリー曲線は $y = f(x)$ という関数で表されています．ここで，点 O から点 P までの部分を切り取って考えます．y 軸を中心に左右対称ですから点 O で傾きは 0 です．点 P では接線方向に θ だけ傾いています．したがって，図 5.6 のように点 O では水平の力 H が，また点 P では θ 方向の力 T が作用していることになります．この力 T を鉛直方向と水平方向に分解してみましょう．水平方向には $T\cos\theta$ となり，鉛直方向には $T\sin\theta$ となりますね．分解された水平方向の力は H と釣り合わなければなりませんから，

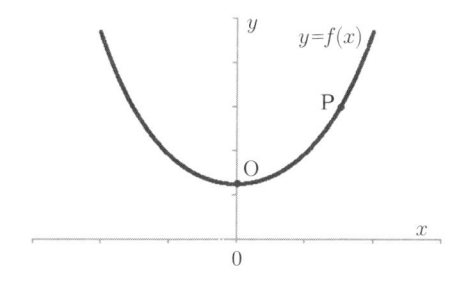

図 5.5 座標系と曲線

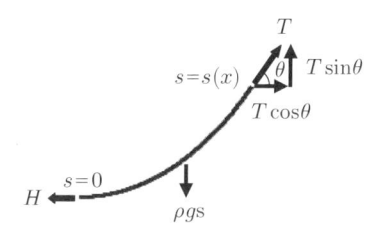

図 5.6 曲線の一部

$$T\cos\theta = H \tag{5.1}$$

となります．一方，ロープの単位長さ当たりの質量を ρ，原点からのロープの長さを s，**重力加速度**を g とすると，この部分の重量は $\rho g s$ となります．これは分解された力 $T\sin\theta$ と釣り合わなければなりませんので

$$T\sin\theta = \rho g s \tag{5.2}$$

となるでしょう．式 (5.2) を式 (5.1) で割ると

$$\tan\theta = \frac{\rho g s}{H} \tag{5.3}$$

となって，点 P における曲線の傾きを求めることができます．長さ s は位置 x によって変化しますから，正確には $s = s(x)$ です．式 (5.3) で $\tan\theta$ は曲線の傾きですが，これを $h(x)$ とおくと点 x では

$$h(x) = \frac{\rho g s(x)}{H} \tag{5.4}$$

点 $x + \Delta x$ では

$$h(x + \Delta x) = \frac{\rho g s(x + \Delta x)}{H} \tag{5.5}$$

です．式 (5.5) から式 (5.4) を引くと

$$h(x + \Delta x) - h(x) = \frac{\rho g}{H}\{s(x + \Delta x) - s(x)\} = \frac{\rho g}{H}\Delta s \tag{5.6}$$

となります．ここで，Δs はこの区間におけるロープの長さです．区間が短ければ，図 5.7 のようにロープを直線と見なすこともできますから，**三平方の定理 (ピタゴラスの定理)** を使うと，

$$\Delta s^2 = \Delta x^2 + \Delta f^2 \tag{5.7}$$

という関係が得られます．平方根を計算して整理すると

$$\Delta s = \sqrt{\Delta x^2 + \Delta f^2} = \sqrt{1 + \left(\frac{\Delta f}{\Delta x}\right)^2}\Delta x = \sqrt{1 + h(x)^2}\Delta x \tag{5.8}$$

ですから，これを式 (5.6) に代入すると

$$h(x + \Delta x) - h(x) = \frac{\rho g}{H}\sqrt{1 + h(x)^2}\Delta x \tag{5.9}$$

したがって

$$h(x + \Delta x) = h(x) + \frac{\rho g}{H}\sqrt{1 + h(x)^2}\Delta x \tag{5.10}$$

一方，傾き $h(x)$ は次のように近似できますから

$$h(x) = \frac{f(x + \Delta x) - f(x)}{\Delta x} \tag{5.11}$$

これを変形して

$$f(x + \Delta x) = f(x) + h(x)\Delta x \tag{5.12}$$

となります．ちなみにロープの長さは

$$\Delta s = s(x + \Delta x) - s(x) = \sqrt{1 + h(x)^2}\Delta x \tag{5.13}$$

より，

$$s(x + \Delta x) = s(x) + \sqrt{1 + h(x)^2}\Delta x \tag{5.14}$$

となります．これで準備は完了です．

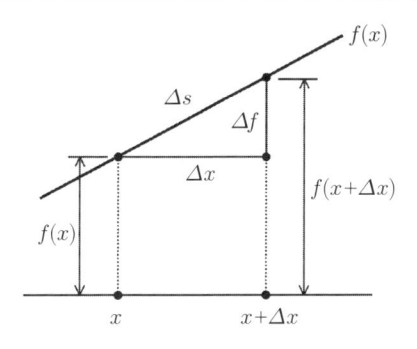

図 5.7　短い区間

5.3　Excel でカテナリー曲線を計算する

式 (5.10) は質量 ρ，重力加速度 g，水平方向の力 H の他に点 x における傾き $h(x)$ がわかっているとき，その点より Δx だけ先の $h(x+\Delta x)$ を計算できることを示しています．また，式 (5.12) は傾き $h(x)$ がわかっているとき Δx だけ先の $f(x+\Delta x)$ を，式 (5.14) は同じく $s(x+\Delta x)$ を計算できることを示しています．式 (5.10), (5.12) と (5.14) を使ってカテナリー曲線を計算しましょう．

1　Excel を起動して見出しを入力する

Excel を起動して計算を開始しましょう．新しいブックの Sheet1 のセル A1 に「x」B1 に「f(x)」C1 に「h(x)」D1 に「s(x)」F2 に「g=」F3 に「ρ =」F4 に「H=」F6 に「ρg/H=」と記入します (図 5.8)．

図 5.8　新しい Book に見出しを記入する

2　定数と初期値を入力する

重力加速度は $g = 9.8$ m/s^2，単位長さあたりの質量 $\rho = 0.5$ kg/m，水平力 $H = 10$ N としましょう．G2 に「9.8」G3 に「0.5」G4 に「10」と入力します (図 5.9)．H 列に単位を記入しておくといいでしょう．G6 はこれら三つの値を使って計算しま

第 5 章 アーチ橋のデザイン

す．G6 セルを選んで「=G3*G2/G4」と書きましょう (図 5.10)．Enter キーを押すと計算結果が表示されます (図 5.11)．続いて初期値の入力です．カテナリー曲線の右半分を計算することにしましょう．$x=0$ のところで高さが 0.2 m とします．ここで傾きは 0 ですから $x=0$, $f(0)=0.2$, $h(0)=0$ となります．また，曲線の長さをここから測ることにすると $s(0)=0$ となります．したがって，A2 に「0」B2 に「0.2」C2 に「0」D2 に「0」と入力します (図 5.12)．

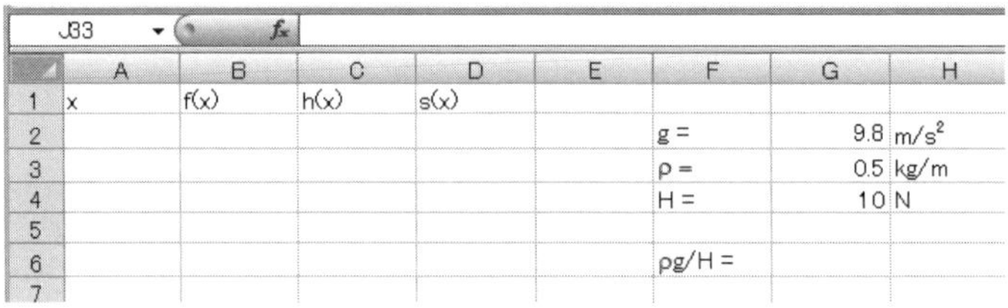

図 5.9 定数を入力する

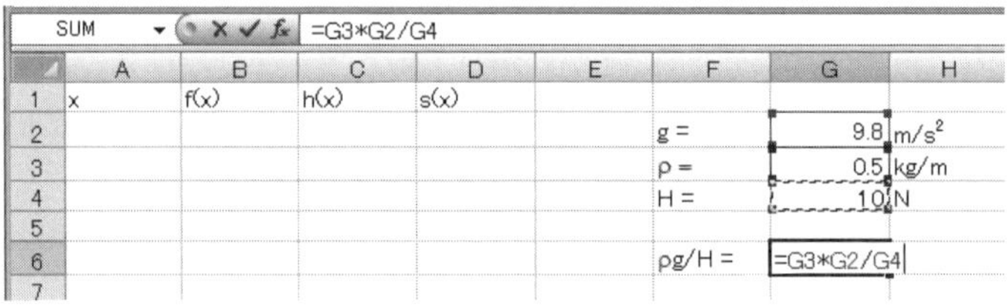

図 5.10 係数を計算する

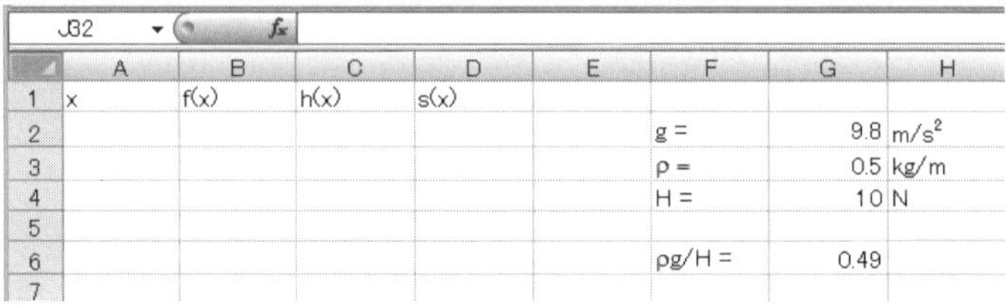

図 5.11 係数の計算結果

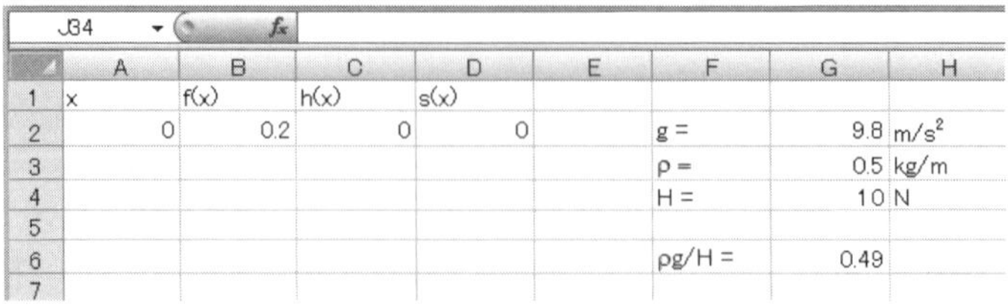

図 5.12 初期値を入力する

第 I 部 方程式でシミュレーション

5.3　Excelでカテナリー曲線を計算する

3　x の値を入力する

区間の長さ (または増分) Δx を 0.001 と考えるとセル A3，A4，A5 はそれぞれ 0.001，0.002，0.003 と増加します．1 m までを計算して予測したいと思いますが，これをすべてキーボードから入力したのでは手間がかかりすぎますね．そこで，「連続データの作成」という方法を使うことにしましょう．セル A2 をクリックして選択し (図 5.13)，「ホーム」タブにある「編集」グループの下向きの矢印で表示されている「フィル」メニューから「**連続データの作成**」を選択します (図 5.14)．表示されるダイアログボックスで「範囲」を「列」，「種類」を「加算」とし，「増分値」

図 5.13　A2 を選択する

図 5.14　連続データの作成

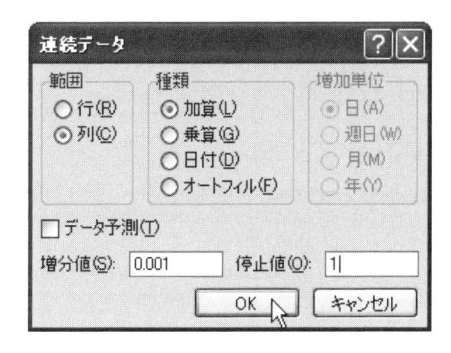

図 5.15　増分値の設定

第 I 部　方程式でシミュレーション

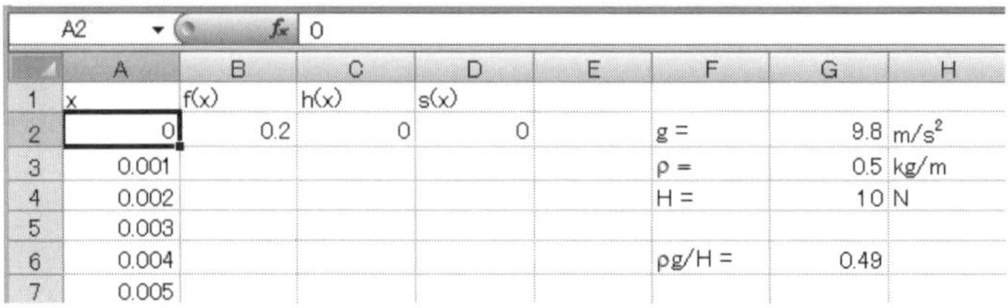

第5章 アーチ橋のデザイン

図 5.16 A 列の完成

に「0.001」また,「停止値」に「1」を入力して「OK」をクリックます (図 **5.15**).すると,自動的に 0 から 1 までの数値が A 列に生成されます (図 **5.16**).

4 カテナリー曲線の計算式を入力する

次はカテナリー曲線の計算です.まず,0.001 m の位置の $f(x+\Delta x)$ すなわち B3 を式 (5.12) を使って計算しましょう.$f(x)$ と $h(x)$ は一つ前の曲線とその傾きですから,それぞれ B2 と C2 です.Δx は 0.001 ですね.したがって,セル B3 には次のように書けばいいでしょう (図 **5.17**).

```
=B2+C2*0.001
```

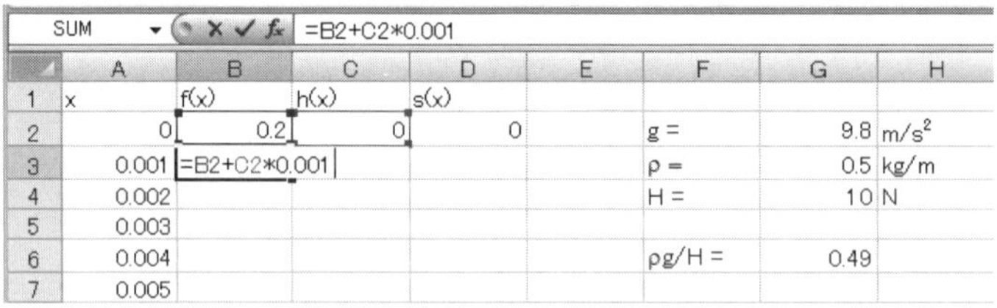

図 5.17 式 (5.12) を記述

傾きは式 (5.10) を使って計算します.$\rho g/H$ はいつでもセル G6 に書かれた値を使わなければなりませんから絶対参照です.すなわち,`$G$6` と書くわけです.$h(x)$ は一つ前の傾きですから,C2 です.また,平方根は `SQRT( )`,二乗は `^2` と書きます.したがって,セル C3 には次のように書けばいいでしょう (図 **5.18**).

```
=C2+$G$6*SQRT(1+C2^2)*0.001
```

曲線の長さは式 (5.14) を使って計算しましょう.D3 には次のように書けばいいでしょう (図 **5.19**).

```
=D2+SQRT(1+C2^2)*0.001
```

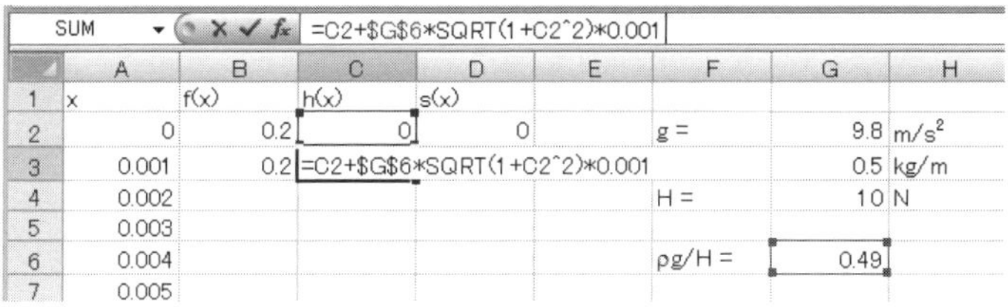

5.3 Excelでカテナリー曲線を計算する

図 5.18 式 (5.10) を記述

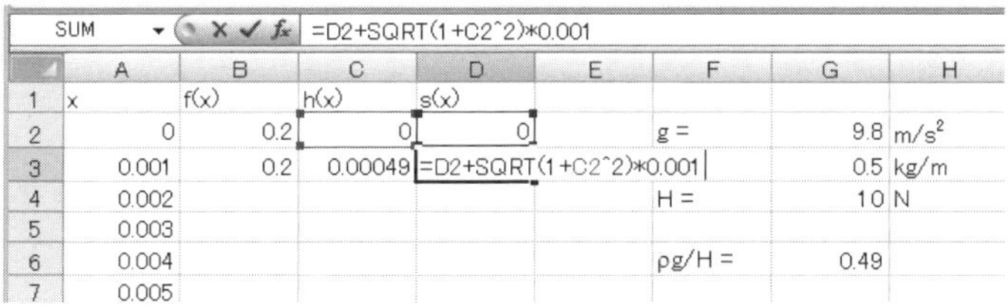

図 5.19 式 (5.14) を記述

5 フィルハンドルですべてを計算する

セル B3, C3, D3 は計算できましたか．これができれば後は同じことを繰り返せばいいわけです．まずセル B3, C3, D3 を選択してください．これにはセル B3 をクリックしたまま D3 までドラッグすればいいでしょう．選択した三つのセルの右下にポインタを合わせるとポインタは十字に変わります (図 5.20)．これをダブル

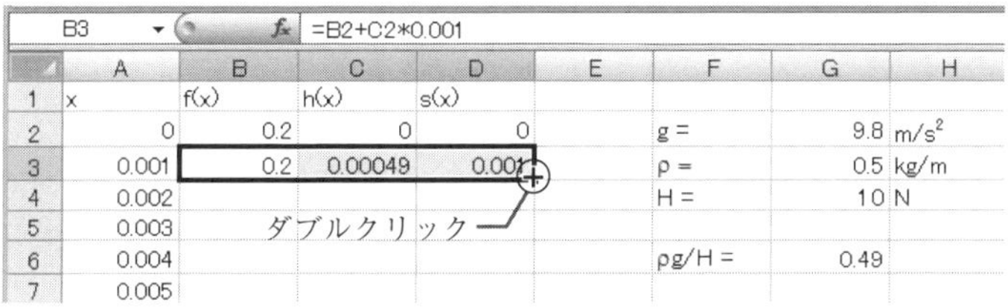

図 5.20 フィルハンドルをダブルクリック

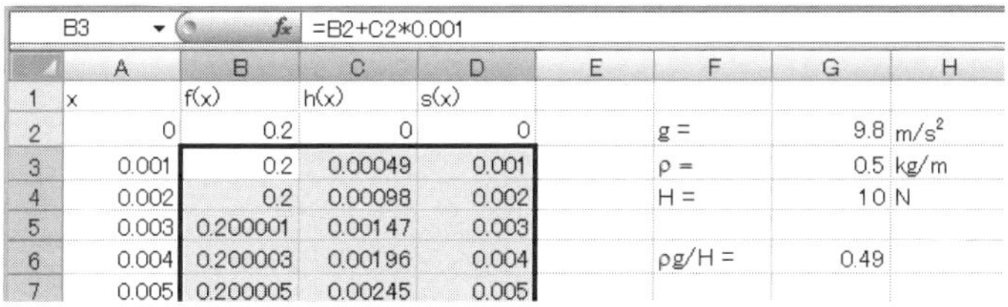

図 5.21 計算の完了

第 I 部 方程式でシミュレーション

クリックしてください．x のデータが記入されているところまで計算が自動的に行われます (図 5.21).

6　グラフを描く

結果をグラフに描いてみましょう．A をクリックして B までドラッグし，A, B 列を選択してください (図 5.22)．「挿入」タブにある「グラフ」グループの「散布図」のメニューから「散布図 (直線)」を選びます (図 5.23)．カテナリー曲線がグラフとして表示されます (図 5.24).

このままでも立派なグラフですが，もう少し手を加えましょう．描いたグラフが選択されているとリボンに「グラフツール」が表示されているでしょう．この中の「デザイン」タブにある「グラフの種類の変更」をクリックします (図 5.25)．表示されるダイアログボックスで「テンプレート」をクリックし，「マイテンプレート」の中の「シミュレーション (マーカーなし)」を選択して「OK」をクリックします (図 5.26)．目盛り付きのグラフに変わります (図 5.27).

書式を少し変更しましょう．縦軸のどこかを右クリックして選択し，表示されるメニューから「軸の書式設定」を選びます (図 5.27)．表示されるダイアログボック

図 5.22　A, B 列を選択

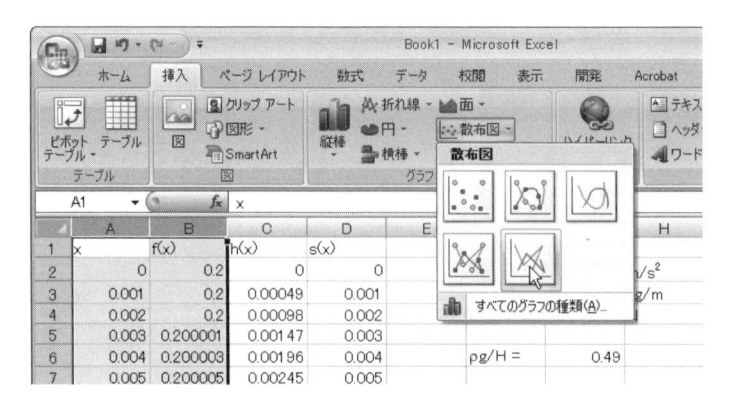

図 5.23　散布図を選択

図 5.24　描かれたグラフ

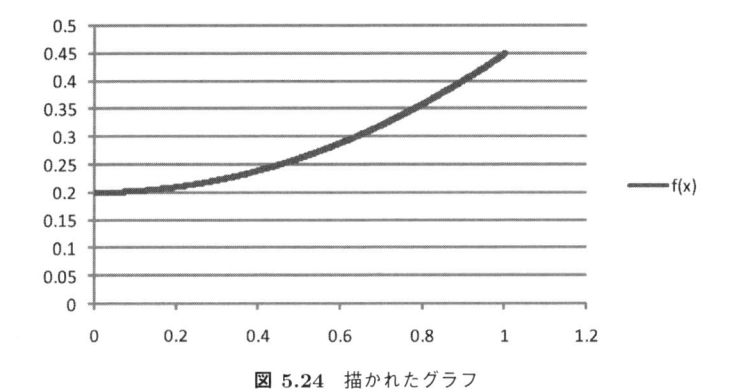

図 5.25　グラフの種類の変更

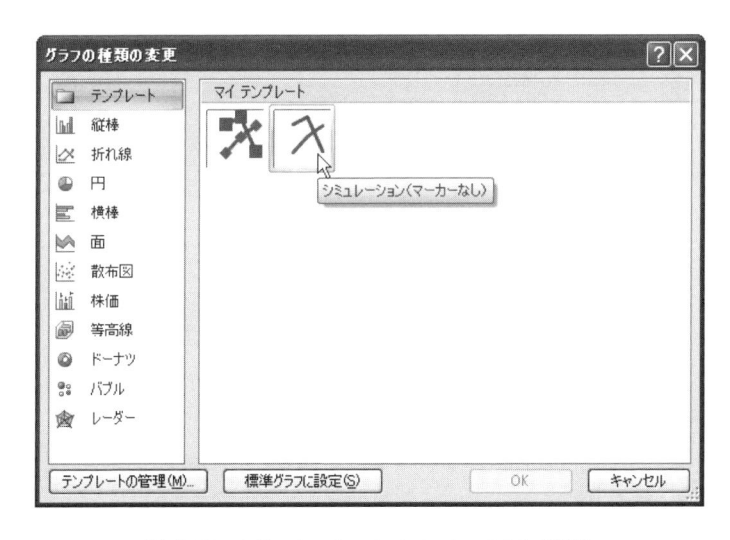

図 5.26　シミュレーション (マーカーなし) を選択

第 I 部　方程式でシミュレーション

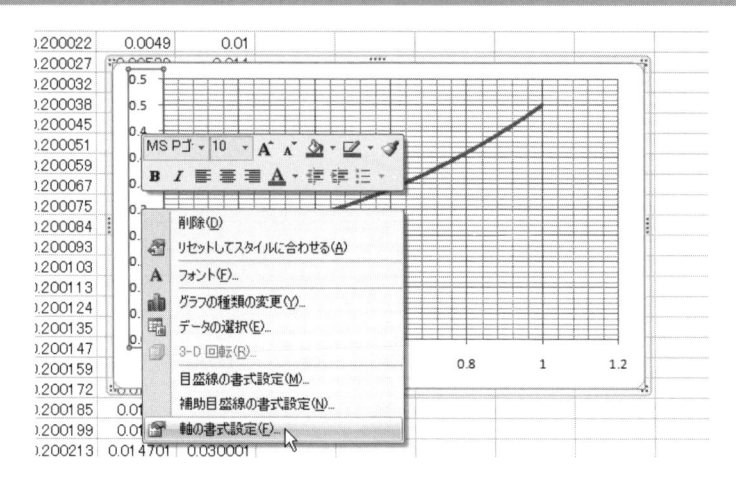

図 5.27 軸の書式設定

図 5.28 軸のオプションを変更

スで目盛間隔を固定の「0.1」,補助目盛間隔を固定の「0.02」として「閉じる」をクリックします (図 5.28). カテナリー曲線の完成です (図 5.29).

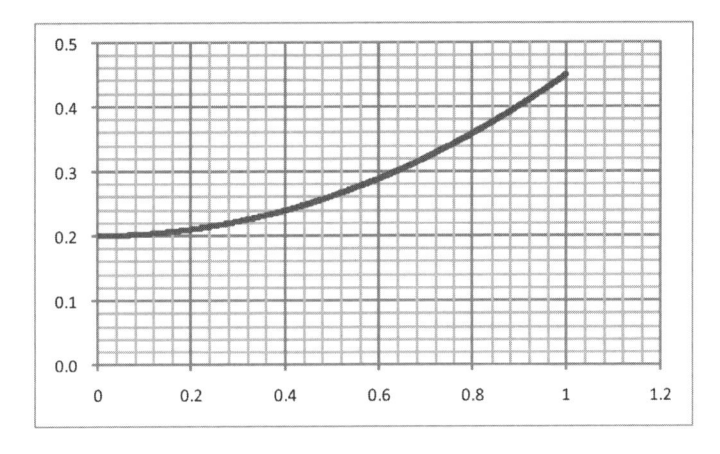

図 5.29　カテナリー曲線の完成

⚠ マイテンプレートに表示される「シミュレーション」などは第1章の「関数とグラフ」で定義したものです．これがまだ登録されていない場合には表示されません．

7　データを保存して終了

最後に名前を付けてファイルを保存しましょう．左上の「Office」ボタンをクリックし，「名前を付けて保存」のメニューにある「Excel ブック」を選択してください．「ファイル名」のボックスに「カテナリー曲線」などと入力して「保存」をクリックします．Excel 2010 では，「ファイル」タブからはじめます．

この章のポイント
- カテナリー曲線を知る
- 力学的な考察からモデルを作る
- パラメータの相違による形の違いを観察する

✎ STUDY

■カテナリー曲線

式 (5.4) の傾き $h(x)$ はカテナリー曲線 $f(x)$ の微分ですから，

$$\frac{df}{dx} = \frac{\rho g s}{H} \tag{5.15}$$

両辺をもう一階微分すると

$$\frac{d^2 f}{dx^2} = \frac{\rho g}{H} \frac{ds}{dx} \tag{5.16}$$

となります．式 (5.8) を Δx で割って，$\Delta x \to 0$ としたときの極限を考えましょう．

$$\lim_{\Delta t \to 0} \frac{\Delta s}{\Delta x} = \frac{ds}{dx} = \sqrt{1 + h^2} = \sqrt{1 + \left(\frac{df}{dx}\right)^2} \tag{5.17}$$

となりますから，式 (5.16) は

$$\frac{d^2 f}{dx^2} = \frac{\rho g}{H} \sqrt{1 + \left(\frac{df}{dx}\right)^2} \tag{5.18}$$

と書くことができます．

これらはカテナリー曲線 $f(x)$ についての微分方程式です．これを解くと次の**厳密解**が得られます．ここで f_0 は原点 $x = 0$ における f の値です．

$$f(x) = \frac{H}{\rho g} \left(\cosh \frac{\rho g}{H} x - 1 \right) + f_0 \tag{5.19}$$

演習問題 5

5.1 微分方程式の厳密解 (5.19) も Excel を利用して計算してみましょう．また，この章で計算した結果と比較してみましょう．

5.2 図 5.2 のような鎖を手で持って実験してみましょう．少々重い鎖がいいと思いますが，水平方向に引っ張られる感じを体験するといいでしょう．

第6章 ぐるぐる回る竹細工

グルグルトンボとよばれるおもちゃについて，そのしかけを探ってみましょう．力学的な考察からモデルを組立て，シミュレーションを行います．

6.1 なぜぐるぐる回るのか

図 **6.1** はグルグルトンボとよばれる竹細工のおもちゃです．長い軸の部分は竹の割りばしでできていてその先端に竹のプロペラがついています．一見，竹トンボのようですが竹トンボと違うのは，軸の部分にプロペラが固定されず，釘がささっているだけですから，軸を手に持って固定していてもプロペラがぐるぐる回転できる点です．もう一つの違いはその軸に凸凹が刻んであって，この凹凸を付属の棒でこすって遊ぶ点です．上手になると，棒でこすっているだけなのにプロペラがぐるぐる回転するようになります (図 **6.2**)．なんとも単純な遊びですが，意外に面白いおもちゃです．その面白さの秘密を調べることにしましょう．

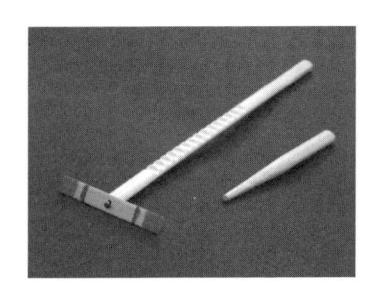

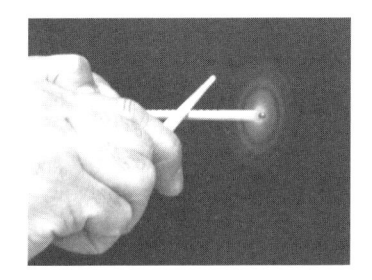

図 6.1　グルグルトンボ　　　　図 6.2　回転するグルグルトンボ

1　グルグルトンボの数理モデル

グルグルトンボはプロペラのような形をしていますが (図 **6.3**)，その半分だけを考えましょう．図 **6.4** のように振り子と考えることにするのです．ただし，大回転までも考慮した精密なモデルで，**非線形振り子**とよばれます．普通，振り子の中心は動きません．グルグルトンボは，図 6.2 のように軸の凸凹をこすることによって中心が上下に運動しているようです．このことも考慮してモデルを考えましょう．

第6章 ぐるぐる回る竹細工

図 6.3 正面から見るとプロペラ

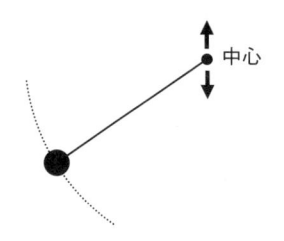

図 6.4 振り子への置き換え

モデルづくりをニュートンの**運動方程式**から始めましょう．これは，物体の運動を記述するための単純な方程式であり，式 (6.1) で示されます．

$$ma = F \tag{6.1}$$

ここで，m は**質量**です．プロペラの半分の質量が先端の質点に集中していると考えて簡単化します．a は**加速度**，F は**力**です．この式は力が質量と加速度の積に等しいことを示しています．図 6.5 のような長さ l の振り子の運動では質点の位置 (x, y) は角度 θ と次のような関係があります．

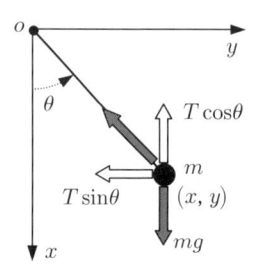

$$x = l\cos\theta \tag{6.2}$$

$$y = l\sin\theta \tag{6.3}$$

図 6.5 振り子のモデル

ここで，l は振り子の長さであり，角度 θ は x 軸から反時計回りにラジアンで計っています．角度 θ は時間とともに変化しますから時間の関数であり，正確に書けば $\theta(t)$ です．速度はこれらを時間で微分して得られます．x 方向および y 方向の速度をそれぞれ $\dot{x}$, $\dot{y}$ と書くなら，

$$\dot{x} = -l\dot{\theta}\sin\theta \tag{6.4}$$

$$\dot{y} = l\dot{\theta}\cos\theta \tag{6.5}$$

( )˙は時間による微分を表します．加速度を $\ddot{x}$, $\ddot{y}$ と書くなら，さらに時間 t で微分して

$$\ddot{x} = -l\ddot{\theta}\sin\theta - l\dot{\theta}^2\cos\theta \tag{6.6}$$

$$\ddot{y} = l\ddot{\theta}\cos\theta - l\dot{\theta}^2\sin\theta \tag{6.7}$$

となります．これを式 (6.1) に代入すると

$$ml(-\ddot{\theta}\sin\theta - \dot{\theta}^2\cos\theta) = f_x \tag{6.8}$$

$$ml(\ddot{\theta}\cos\theta - \dot{\theta}^2\sin\theta) = f_y \tag{6.9}$$

となります．図 6.5 から x 方向および y 方向の力 f_x, f_y はそれぞれ

$$f_x = mg - T\cos\theta \tag{6.10}$$

$$f_y = -T\sin\theta \tag{6.11}$$

です．重力による力 mg が x 軸の向きに作用し，それを斜め上の方向に張力 T で引き揚げています．この張力 T を x 方向および y 方向に分解したのです．したがって，

$$ml(-\ddot{\theta}\sin\theta - \dot{\theta}^2\cos\theta) = mg - T\cos\theta \tag{6.12}$$

$$ml(\ddot{\theta}\cos\theta - \dot{\theta}^2\sin\theta) = -T\sin\theta \tag{6.13}$$

となります．この式 (6.12)，(6.13) から振り子の運動方程式が得られますが，グルグルトンボはもう少し複雑です．振り子の中心が揺れているのですから，図 6.5 の座標系の他にもう一つ座標系 (O, X, Y) を考える必要があります．図 **6.6** で $\boldsymbol{r}$ と記したベクトルが時間とともに変化するのです．$\boldsymbol{r}$ の成分がそれぞれ (ξ, η) であるなら，振り子に取り付けられた先端のおもりは (x, y) に (ξ, η) を加えただけ運動していることになります．

$$X = x + \xi \tag{6.14}$$

$$Y = y + \eta \tag{6.15}$$

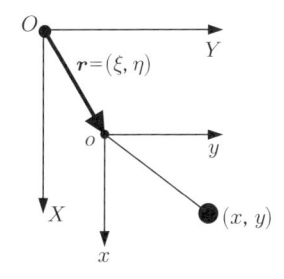

図 **6.6** 中心も運動する振り子

第6章 ぐるぐる回る竹細工

となり，加速度は

$$\ddot{X} = \ddot{x} + \ddot{\xi} \tag{6.16}$$

$$\ddot{Y} = \ddot{y} + \ddot{\eta} \tag{6.17}$$

ですから，$\ddot{\xi}$ と $\ddot{\eta}$ の項が加わることになります．これらの項に質量 m をかけて式 (6.12)，(6.13) に加えます．

$$ml(-\ddot{\theta}\sin\theta - \dot{\theta}^2\cos\theta) + m\ddot{\xi} = mg - T\cos\theta \tag{6.18}$$

$$ml(\ddot{\theta}\cos\theta - \dot{\theta}^2\sin\theta) + m\ddot{\eta} = -T\sin\theta \tag{6.19}$$

となるでしょう．式 (6.18) に $-\sin\theta$ を，また式 (6.19) に $\cos\theta$ をかけて加えましょう．すると

$$ml\ddot{\theta} - m\ddot{\xi}\sin\theta + m\ddot{\eta}\cos\theta = -mg\sin\theta \tag{6.20}$$

が得られます．これが図 6.6 の中心も運動する振り子の数学モデルです．さて，グルグルトンボですが，中心が上下にだけ揺れているとしましょう．軸の凸凹をこすることによって中心が上下に振動するのです．(o, x, y) 座標系が上下振動だけしますから，$\xi = \xi(t)$，$\eta = 0$ となります．さらに，その振動が周期的であるとして

$$\xi(t) = a\sin\omega t \tag{6.21}$$

を仮定しましょう．すると

$$\ddot{\xi} = -a\omega^2 \sin\omega t \tag{6.22}$$

ですから，式 (6.22) を式 (6.20) に代入して

$$ml\ddot{\theta} + ma\omega^2 \sin\omega t \sin\theta = -mg\sin\theta \tag{6.23}$$

となります．両辺を ml で割って整理すると

$$\ddot{\theta} = -\frac{a\omega^2}{l}\sin\omega t \sin\theta - \frac{g}{l}\sin\theta \tag{6.24}$$

ここで，$\beta \equiv \frac{a\omega^2}{l}$，$\alpha \equiv \frac{g}{l}$ とすると

$$\ddot{\theta} = -\beta\sin\omega t \sin\theta - \alpha\sin\theta \tag{6.25}$$

または，

$$\ddot{\theta} = -(\alpha + \beta\sin\omega t)\sin\theta \tag{6.26}$$

が得られます．さてここで，速度に比例してそれと反対向きの力，すなわち $-c\dot{\theta}$ という力の項を追加しましょう．これは，**減衰項**とよばれます．実際の振り子では摩

擦などによってこの作用が存在します．また，計算において誤差などの影響による発散を抑える効果もあります．ただし，定数 c は比較的小さな値を使うことにします．

$$\ddot{\theta} = -c\dot{\theta} - (\alpha + \beta \sin \omega t) \sin \theta \tag{6.27}$$

となりますね．さらに $\theta \equiv u$，$\dot{\theta} \equiv v$ と書くことにすると

$$\dot{u} = v \tag{6.28}$$

$$\dot{v} = -cv - (\alpha + \beta \sin \omega t) \sin u \tag{6.29}$$

となります．これ以降は u が角度，v が速度を意味します．微分は次の式で近似できますから

$$\dot{u} \cong \frac{u(t + \Delta t) - u(t)}{\Delta t} \tag{6.30}$$

$$\dot{v} \cong \frac{v(t + \Delta t) - v(t)}{\Delta t} \tag{6.31}$$

これを式 (6.28)，(6.29) に代入して整理すれば

$$u(t + \Delta t) = u(t) + v(t)\Delta t \tag{6.32}$$

$$v(t + \Delta t) = u(t) - \{cv(t) + (\alpha + \beta \sin \omega t) \sin u(t)\}\Delta t \tag{6.33}$$

となります．グルグルトンボの数理モデルの完成です．式 (6.32) と式 (6.33) を使ってグルグルトンボのシミュレーションをはじめましょう．

6.2 Excel でグルグルトンボのシミュレーション

1 Excel を起動して見出しを入力する

Excel を起動して計算を開始しましょう．新しいブックの Sheet1 のセル A1 に「t」，B1 に「u(t)」，C1 に「v(t)」，E1 に「c=」，E2 に「$\alpha =$」，E3 に「$\beta =$」，E4 に「$\omega =$」と記入します（図 **6.7**）．

第6章　ぐるぐる回る竹細工

図 6.7 新しい Book に見出しを記入

2　定数と初期値を入力する

定数 $c = 0.1$, $\alpha = 1$, $\beta = 1$, $\omega = 1$ としましょう．F1 に「0.1」，F2 に「1」，F3 に「1」，F4 に「1」と入力します (**図 6.8**)．続いて初期値の入力です．運動は時刻 0 から始まることにしましょう．そのとき，振り子の角度は 45°すなわち $\pi/4$ ラジアンからスタートすることにします．45°のところでそっと手を放す感じです．したがって，はじめの速度は 0 ということになります．式で書けば $t = 0$, $u(0) = \pi/4$, $v(0) = 0$ となります．したがって，A2 に「0」B2 に「=PI()/4」，C2 に「0」と入力します．PI() は Excel で円周率 π を意味します (**図 6.9**)．

図 6.8 定数を入力

図 6.9 初期値を入力

3 t の値を入力する

時間間隔 (または時間増分) Δt を 0.001 とするとセル A3, A4, A5 はそれぞれ 0.001, 0.002, 0.003 と増加します．$t = 30$ までを計算して予測したいと思いますが，これをすべてキーボードから入力したのでは手間がかかりすぎますね．そこで，「連続データの作成」という方法を使うことにしましょう．セル A2 をクリックして選択し (図 6.10)，「ホーム」タブにある「編集」グループの下向きの矢印で表示されている「フィル」メニューから「連続データの作成」を選択します (図 6.11)．表示されるダイアログボックスで「範囲」を「列」，「種類」を「加算」とし，「増分値」に「0.001」また，「停止値」に「30」を入力して「OK」をクリックます (図 6.12)．すると，自動的に 0 から 30 までの数値が A 列に生成されます (図 6.13)．

図 6.10 A2 を選択

図 6.11 連続データの作成

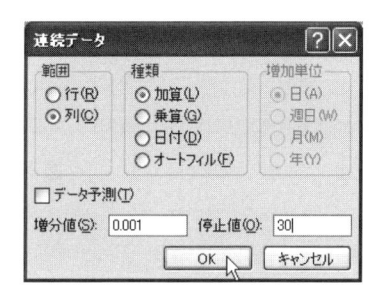

図 6.12 増分値などの設定

図 6.13 時間列の完成

4 グルグルトンボの運動を計算する

式 (6.32) をセル B3 に記入しましょう．$u(t)$ は一つ前の角度ですから B2，$v(t)$ は一つ前の速度ですから C2 です．時間間隔 $\Delta t = 0.001$ ですから B3 には次のように書けばいいでしょう (図 6.14)．

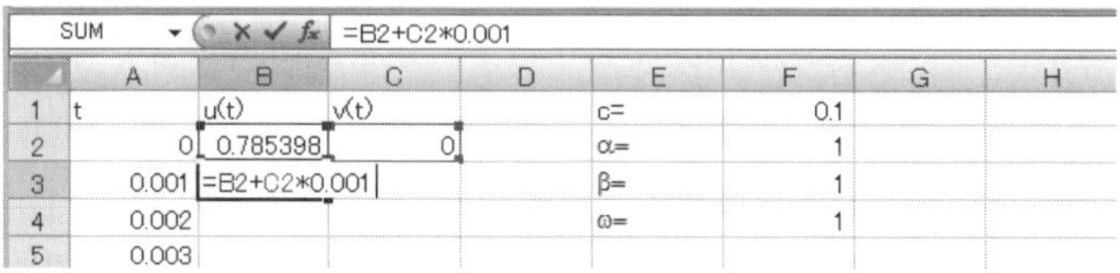

図 6.14　B3 の計算

```
=B2+C2*0.001
```

式 (6.33) も同じように考えて C3 に書きましょう．ただし，必要な定数 c，α，β，ω は絶対参照としなければなりませんので，それぞれ `$F$1`，`$F$2`，`$F$3`，`$F$4` とすることに注意しなければなりません．また，sin 関数は `SIN()` を使います．したがって，C3 には次のように書けばいいでしょう (図 6.15)．

```
=C2-($F$1*C2+($F$2+$F$3*SIN($F$4*A2))*SIN(B2))*0.001
```

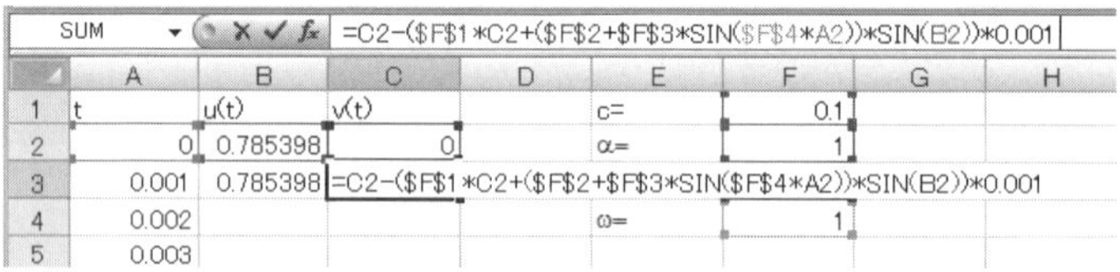

図 6.15　C3 の計算

5 フィルハンドルですべてを計算する

セル B3，C3 は計算できましたか．これができれば後は同じことを繰り返せばいいわけです．まずセル B3，C3 を選択してください．これにはセル B3 をクリックしたまま C3 までドラッグすればいいでしょう．選択した二つのセルの右下にポインタを合わせるとポインタは十字に変わります (図 6.16)．これをダブルクリックしてください．t のデータが記入されているところまで計算が自動的に行われます (図 6.17)．

6.2 Excelでグルグルトンボのシミュレーション

図 6.16 B3 と C3 を選択してフィルハンドルを使う

図 6.17 計算の完了

6 グラフを描く

結果をグラフに描きましょう．AをクリックしてBまでドラッグし，A, B列を選択してください (図 6.18)．「挿入」タブにある「グラフ」グループの「散布図」のメニューから「散布図 (直線)」を選びます (図 6.19)．振り子の角度が時間とともに変化する様子がグラフとして表示されます (図 6.20)．

図 6.18 A, B 列を選択

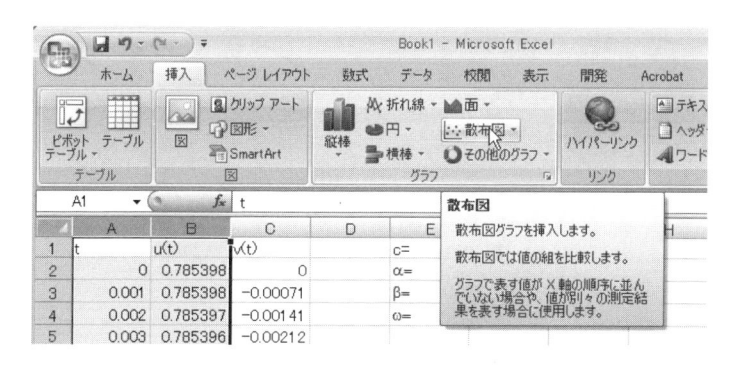

図 6.19 散布図を選択

第 I 部 方程式でシミュレーション

第6章 ぐるぐる回る竹細工

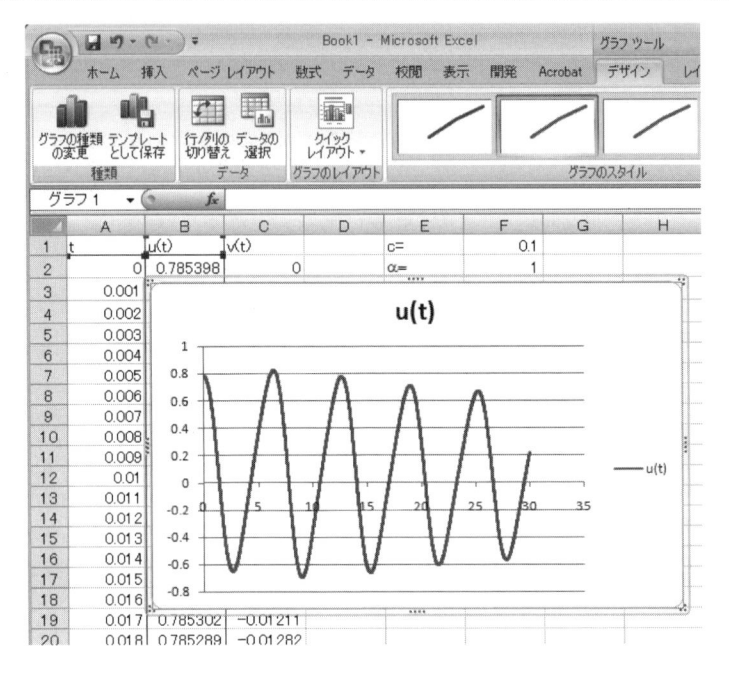

図 6.20 描かれたグラフ

このままでも立派なグラフですが，もう少し手を加えましょう．描いたグラフが選択されているとリボンに「グラフツール」が表示されているでしょう．この中の「デザイン」タブにある「グラフの種類の変更」をクリックします (図 6.21)．表示されるダイアログボックスで「テンプレート」をクリックし，「マイテンプレート」の中の「シミュレーション (マーカーなし)」を選択して「OK」をクリックします (図 6.22)．目盛り付きのグラフに変わります (図 6.23)．

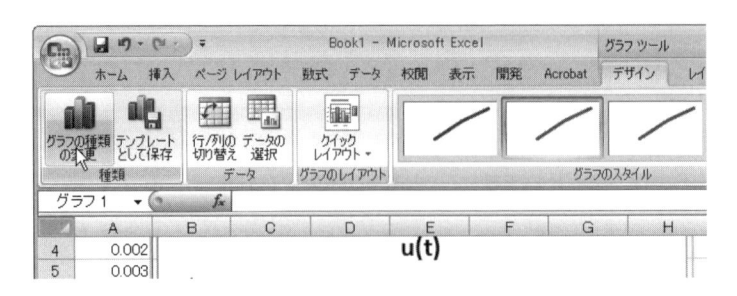

図 6.21 グラフの種類の変更

第 I 部 方程式でシミュレーション

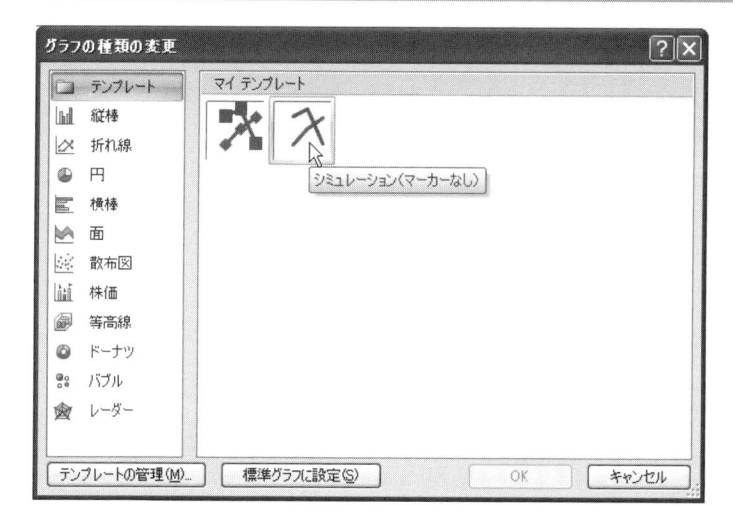

図 6.22 シミュレーションを選択

> ⚠ マイテンプレートに表示される「シミュレーション」などは第1章の「関数とグラフ」で定義したものです．これがまだ登録されていない場合には表示されません．

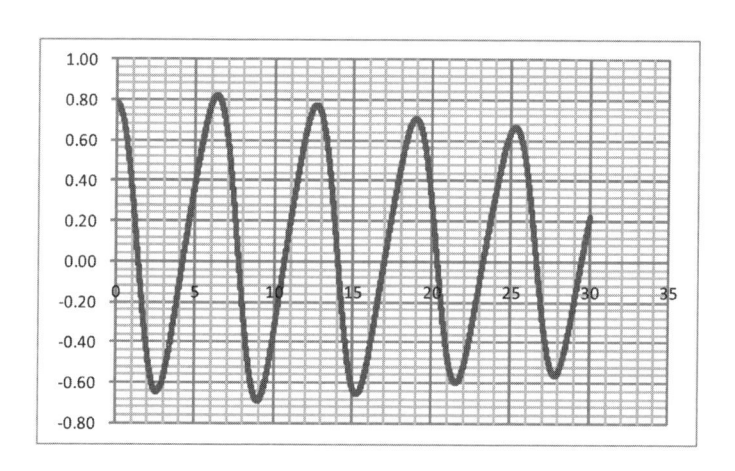

図 6.23 振動のグラフ

7 定数を変更してみる

図 6.23 からは $45°$ すなわち，$\pi/4 \cong 0.785$ ラジアンからスタートした振り子が左右に振動しながら徐々にその振幅を減少していく様子が観察できます．摩擦などの影響を考慮して減衰項の定数 $c = 0.1$ を設定したために振幅が減少していくのです．

これは，おなじみの振り子の運動ですね．この係数 $c = 0.1$ をそのままにしても，大変興味深い運動をすることがあります．今度は定数 $\beta = 2.3575$ としてみましょう．その他の定数はそのままです (図 **6.24**)．

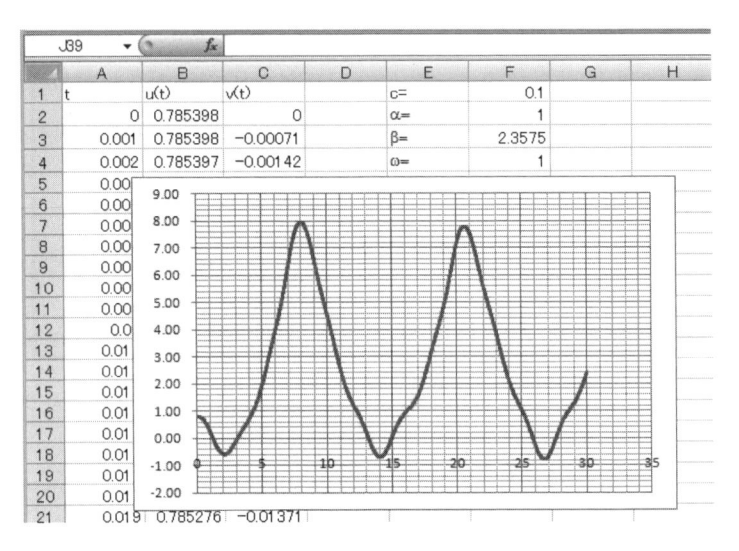

図 6.24 定数を変更

図 6.24 からは同じように 45°すなわち $\pi/4 \cong 0.785$ ラジアンからスタートした振り子がいったんは図 6.23 と同じような運動を始めるのですが，一気に 8 ラジアン程度まで増加し続けています．8 ラジアンは約 2.5π ラジアン，2π で振り子が一周したことになりますから，振り子が一周と少々まで回転して再び元に戻り，これを繰り返すという現象が観察できます．グルグルトンボのおもちゃでも遊び始めの下手な時期には，このように回りかけてまた戻るというような現象が続きます．

さらに，定数 $\omega = 2.4725$ としてみましょう (図 **6.25**)．図 6.25 からは，角度がマイナスの方向へどんどん絶対値を増加している様子が観察できます．図 6.5 で角度は反時計回りが正 (プラス) と考えましたから，この場合には時計回りにどんどん回転していることがわかります．グルグルトンボのおもちゃでは上手な人が遊ぶとき，勢いよくぐるぐる回り続けることに相当します．定数をいろいろ変えて計算してみると面白いでしょう．特に β と ω を変えてさまざまな現象を観察することをお勧めします．

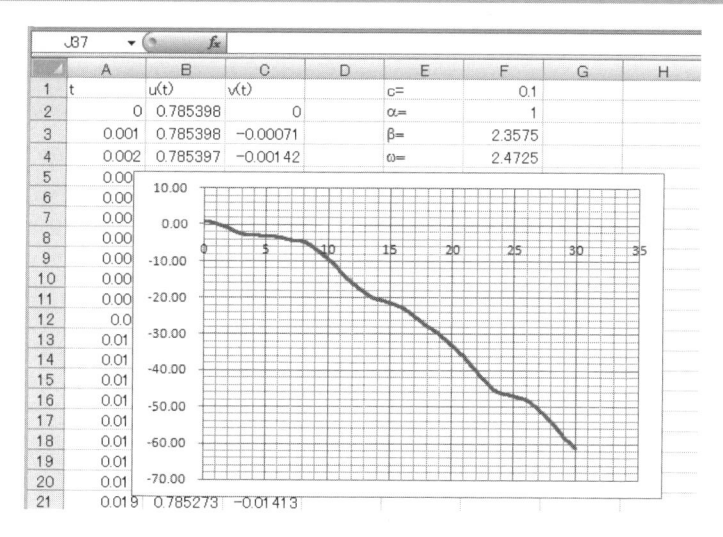

6.2 Excelでグルグルトンボのシミュレーション

図 6.25 定数を変更

8 データを保存して終了

最後に名前を付けてファイルを保存しましょう．左上の「Office」ボタンをクリックし，「名前を付けて保存」のメニューにある「Excelブック」を選択してください．「ファイル名」のボックスに「グルグルトンボ」などと入力して「保存」をクリックします．Excel 2010 では，「ファイル」タブからはじめます．

この章のポイント

- グルグルトンボの力学的なモデルを作る
- モデルを使ってシミュレーションを行う
- パラメータの変更と上手に回すためのコツの関係を考える

演習問題 6

6.1 減衰定数 $c = 0.1$, 長さに関係する定数 $\alpha = g/l = 1$ に固定して，グルグルトンボの上下振動に関係する定数 β と ω をそれぞれ $0 < \beta < 3$, $0 < \omega < 3$ の範囲でいろいろ実験 (シミュレーション) し，その結果を図 **6.26** のようなマップに書き込みましょう．静止，振り子，回転，**カオス**さらには倒立などの現象が観察されそうです．

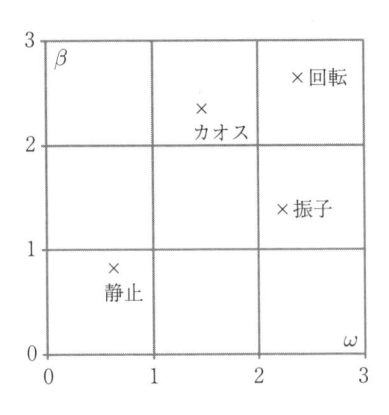

図 6.26 グルグルトンボの現象マップ (例)

第II部 ルールを決めてシミュレーション

第II部では,第I部と異なり,個々の要素間の相互作用をセルオートマトンというアイディアをもとにモデル化します.通常,このような数学モデルを実際に試すためにはプログラミングの知識を必要としますが,Excelのマクロ機能を利用することで誰にでもできるように工夫しました.簡単な相互作用によって発生する複雑な現象を楽しみましょう.どの章から読んでもいいように構成されていますが,第II部を読むには,まず7章を練習してからがいいでしょう.

第7章 マクロ機能

第II部では，Excel のマクロ機能を使って状態の変化を観察します．そのために必要な機能だけを第7章にまとめました．

7.1 手順の概略

　第II部では，様々な現象の時間的な変化をアニメーションのような画像として観察できるようにします．このようなシミュレーションを実現するには，たいてい複雑なプログラムを必要としますが，本書では Excel をうまく使うことでこれを避けています．本章では，その特徴的な考え方を説明しましょう．第II部の各章における全体的な作業の流れは次のようなものです．
①　用意したセルに初期状態（初期値）を書き込む．
②　初期状態を基にして，設定したルールにより次の時刻における新しい状態を計算して初期状態とは別な場所に書き出す．
③　「更新」という名前のボタンを作って，これをクリックすると②で計算された新しい状態が初期状態の場所にコピーされるようにする．
④　①②③ができたら，「更新」ボタンをクリックする．
③のコピーが終わるとそのたびに新しい状態が自動的に計算されます．このようにすることで状態の変化を次々に計算し，表示することができますから，「更新」ボタンをクリックするたびに変化する状態を観察することができるというわけです．

7.2 開発タブをリボンに表示する

　③を実行するために第II部ではマクロ機能と Visual Basic Editor を利用します．これらを利用するために「開発」タブを表示しておきましょう．Excel を起動してまず，左上の「Office ボタン」をクリックし，表示されたメニューから「Excel のオプション」を選択します（図 7.1）．表示されるダイアログボックスで「開発タブを

リボンに表示する」にチェックをつけて「OK」をクリックします (図 7.2). これで「開発」タブがリボンに表示され, マクロ機能などを利用するための準備ができました (Excel 2010 の場合は, P.4 を参照).

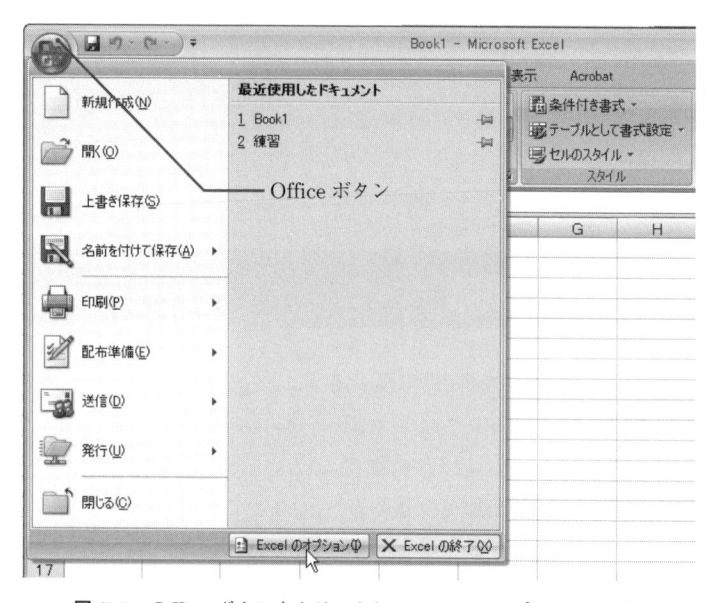

図 7.1 Office ボタンをクリックし, Excel のオプションを選択

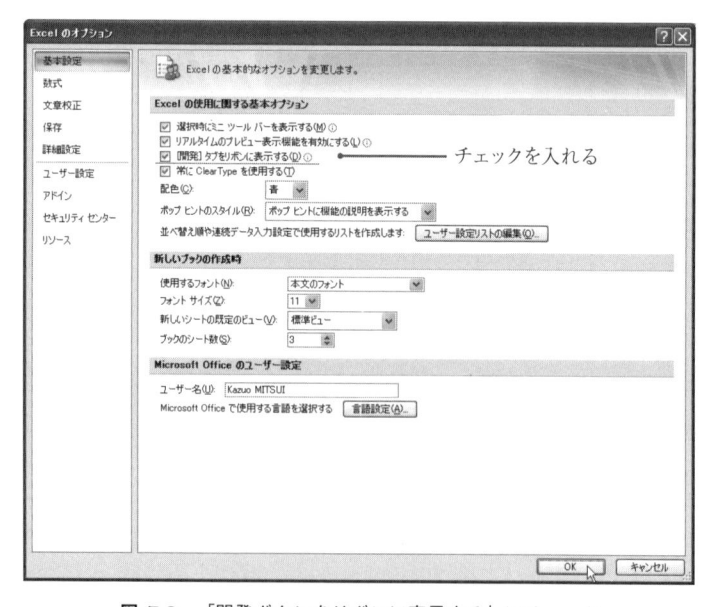

図 7.2 「開発ボタンをリボンに表示する」にチェック

7.3 新しいシートを準備する

1 シートの名前を変更する

マクロを使った練習をはじめましょう．まず新しいシート(図 7.3)の名前を変更します．「Sheet1」を右クリックしてメニューから「名前の変更」を選択します(図 7.4)．「練習」に変更しましょう(図 7.5)．

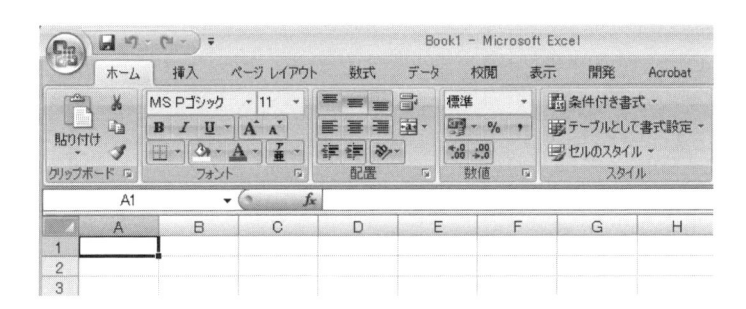

図 7.3 新しいシート

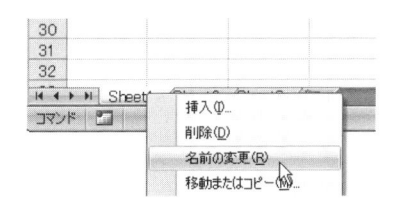

図 7.4 名前の変更を選択

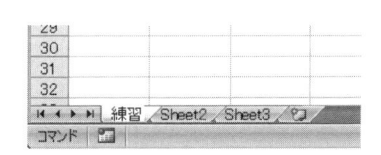

図 7.5 新しいシート「練習」

2 セルのサイズを調整する

次に，このシートのセルの列幅を調整しておきましょう．「ホーム」タブの「セル」グループにある「書式」メニューの「列の幅」を選択し(図 7.6)，ダイアログボックスで列の幅を 2 に変更して「OK」をクリックします(図 7.7)．正方形のセルが設定されます(図 7.8)．

第 7 章　マクロ機能

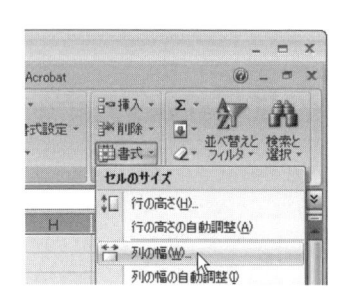

図 7.6　列の幅を選択

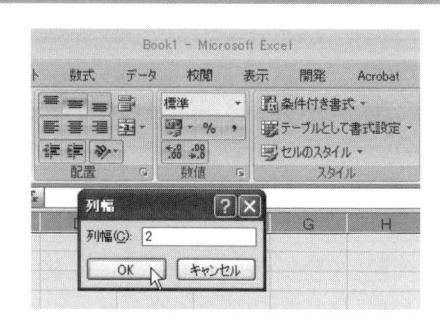

図 7.7　列幅を入力

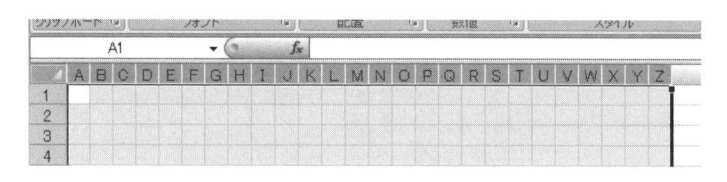

図 7.8　正方形のセルが完成

3　7×7 のセル空間を二つ用意する

B2〜H8 のセルを選択して (図 7.9)，「ホーム」タブの「フォント」グループにある「テーマの色」から薄い赤色を選択しましょう (図 7.10)．さらに，同じグループの「罫線」から「格子」を選択して (図 7.11)，罫線を描いておきます．同じように J2〜P8 のセルは薄い緑色を塗り，罫線も描いておきましょう (図 7.12).

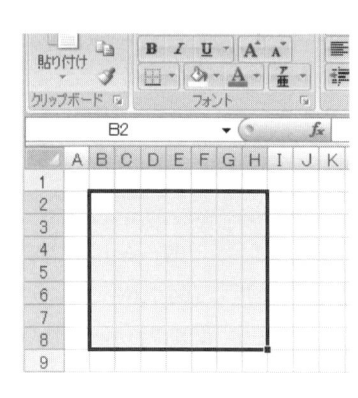

図 7.9　7×7 のセルを選択

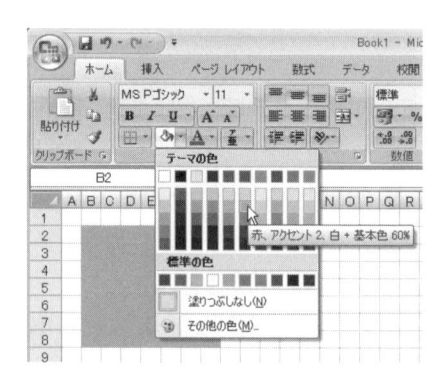

図 7.10　薄い赤色で塗る

第 II 部　ルールを決めてシミュレーション

7.4 ルールを適用する

図 7.11 格子を選択

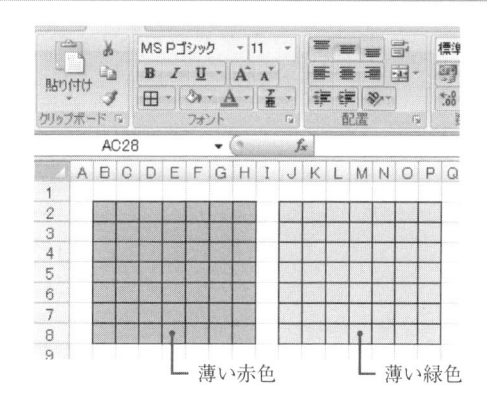

図 7.12 薄い赤色 (左) と薄い緑色 (右) のセル空間が完成

7.4 ルールを適用する

1 計算式を入力する

準備が整いましたので，次に進みましょう．まず，J2 のセルを選択します．ここに

```
=(B1+C2+B3+A2)/4
```

と入力しましょう (図 7.13). これは，赤色の範囲で，B2 のセルの周囲にある四つのセル (4 近傍) の合計を平均して，緑色の範囲の同じ位置にある J2 のセルの値とすることを示しています．入力の最後は，ENTER キーを押します．

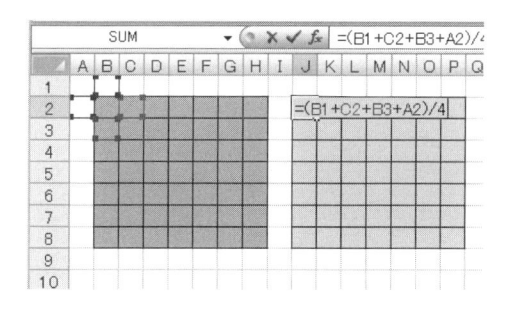

図 7.13 式を入力する

K2 や L2 など緑色の範囲の他の部分にも同じ関係式を入力しましょう．このためには，J2 のセルをもう一度選択し，その右下のフィルハンドルにマウスポインタを合わせ (図 7.14)，マウスポインタが十字に変わったらドラッグして P2 までコピー

します．もう一度マウスポインタをフィルハンドルに合わせ，ドラッグして P8 までコピーします (図 7.15)．

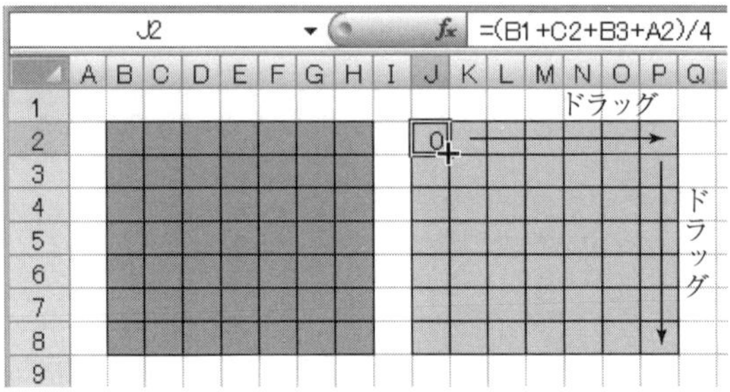

図 7.14　フィルハンドルをつかむ

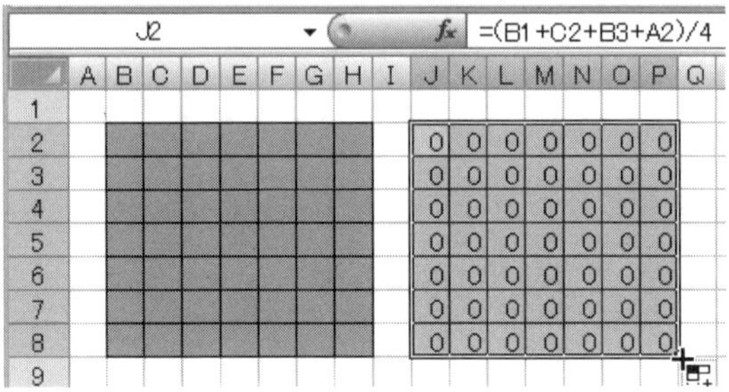

図 7.15　緑色 (右) の範囲全体にコピー

赤色 (左) の範囲に適当な数値を入力してみてください．自動的に計算が行われて，結果が緑色 (右) の範囲に表示されます (図 7.16)．

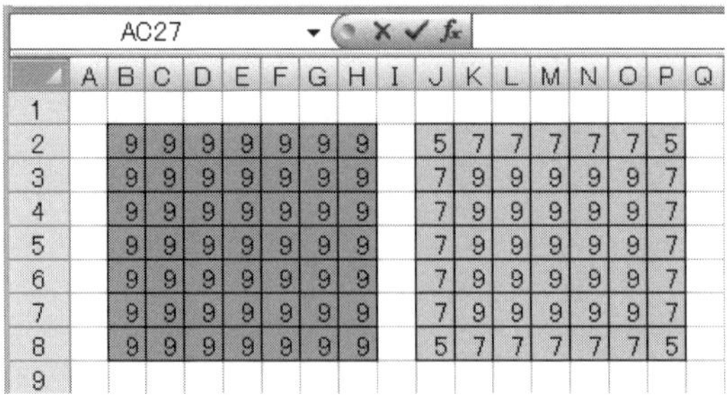

図 7.16　赤色 (左) の範囲に数値を入力して確認

7.4 ルールを適用する

2 コマンドボタンを貼り付ける

「開発」タブをクリックします (図 **7.17**).「コントロールグループ」の「挿入」メニューにある「コマンドボタン (ActiveX コントロール)」を選択してください (図 **7.18**).

図 **7.17** 開発タブを選択

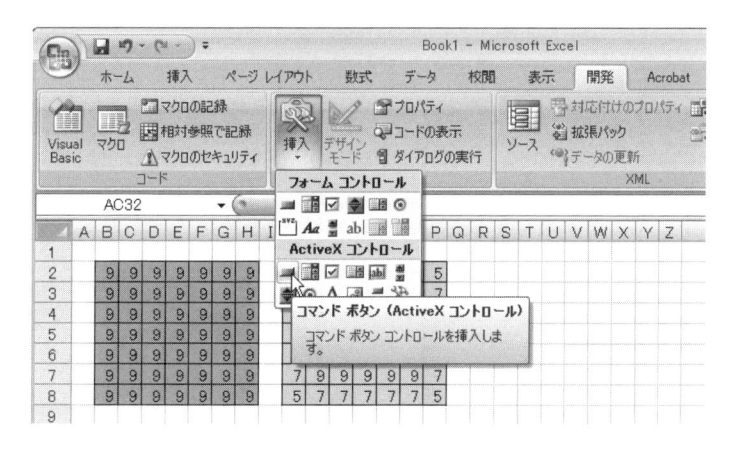

図 **7.18** コマンドボタンを選択

コマンドボタンを適当な位置に貼り付けましょう (図 **7.19**).これには適当な位置でクリックしたままドラッグすればいいのです.貼り付けたコマンドボタンを選択しておいて,「コントロール」グループの「プロパティ」を選択します (図 **7.20**).表示される「プロパティ」フォームでオブジェクト名を「更新ボタン」に変更します (図 **7.21**).同じように Caption を「更新」に変更します (図 **7.22**).この変更に

図 7.19　コマンドボタンを貼り付ける

図 7.20　プロパティを選択

図 7.21　オブジェクト名を変更△

図 7.22　Caption を変更△

△　設定したら閉じる.

7.4 ルールを適用する

より，このボタンには「更新」の文字が表示され，またシステムからは「更新ボタン」として認識されるようになります．

3　マクロ記録を開始する

「更新ボタン」をクリックしたときの動作を書きましょう．この練習では，「更新ボタン」がクリックされると緑色(右)の範囲の値がすべて赤色(左)の範囲に上書きされるようにプログラムを書くことにします．プログラムとは言っても特別な知識は必要ありません．Excelに内蔵されているマクロ記録という機能を利用しますから，それほど難しくはありません．「開発」タブにある「マクロの記録」ボタンをクリックします(図7.23)．表示される「マクロの記録」フォームでマクロ名を「更新機能」とします(図7.24)．OKをクリックすると，それ以降のあなたの操作した手順がプログラムとして記録されるのです．この記録はマクロ記録とよばれます．OKをクリックしてください．

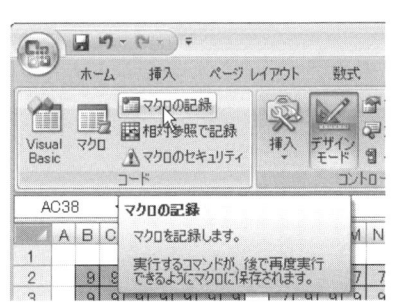

図7.23　「マクロ記録」ボタンをクリック　　　図7.24　マクロ名は「更新」

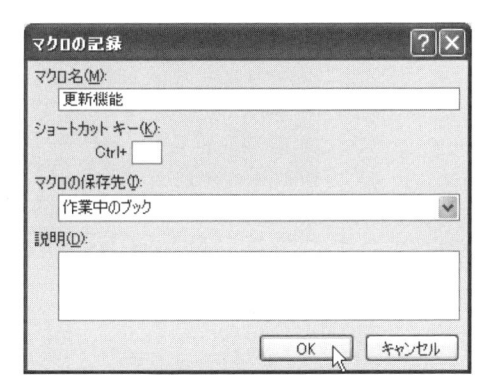

4　マクロ記録に動作を記録する

緑色(右)の範囲をすべて選択して，「ホーム」タブの「クリップボード」グループにある「コピー」を使ってコピーします(図7.25)．次に，赤色(左)の範囲をすべて選択して(図7.26)，同じグループの「貼り付け」の下にある小さな三角形をクリックして「貼り付け」メニューの中の「形式を選択して貼り付け」を指定します(図7.27)．表示される「形式を選択して貼り付け」ダイアログボックスで「貼り付け」の中の「値」を指定して「OK」をクリックします(図7.28)．最後にA1のセルを選択します(図7.29)．ここまでが記録したい動作です．マクロ記録を終了するために「マクロ記録の終了」ボタンをクリックします(図7.30)．

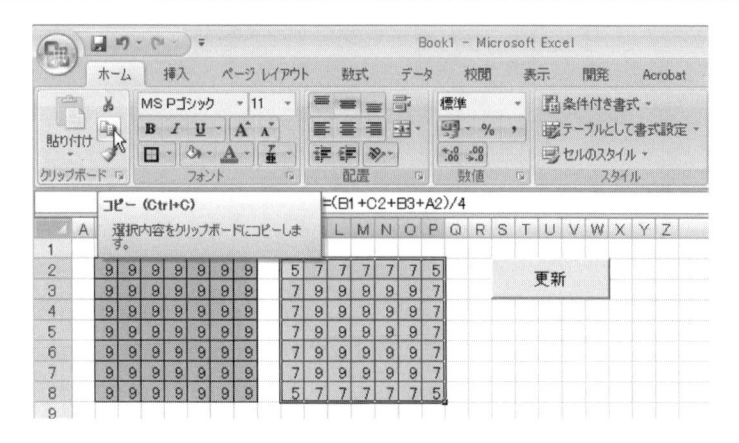

図 7.25　薄い緑色 (右) の範囲をコピー

図 7.26　薄い赤色 (左) の範囲を選択

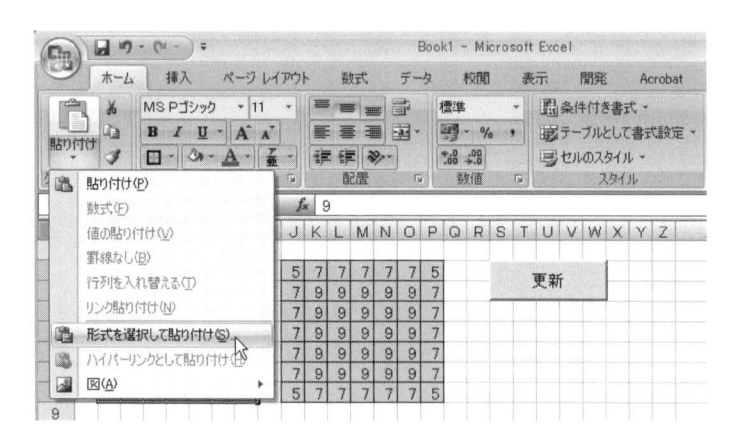

図 7.27　形式を選択して貼り付け

7.4 ルールを適用する

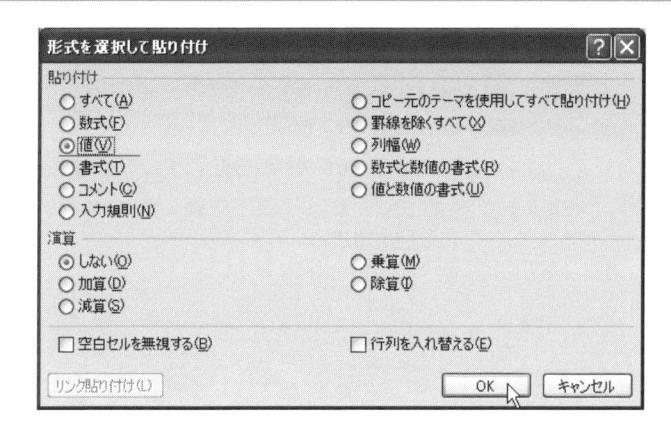

図 7.28 「値」を選択して OK をクリック

図 7.29 コピーが完了

図 7.30 マクロ記録の終了

第 II 部 ルールを決めてシミュレーション

第7章 マクロ機能

記録された中身を見てみましょう．「コントロール」グループの「コードの表示」をクリックしてください（図 7.31）．表示される「プロジェクトエクスプローラ」の標準モジュールをクリックするとその中に Module1 があります．これをダブルクリックして開いてください（図 7.32）．Sub 更新機能( )ではじまり，End Sub で終わるプログラムが書かれています．これは先ほど記録したコピーとペーストの手

図 7.31 コードの表示をクリック

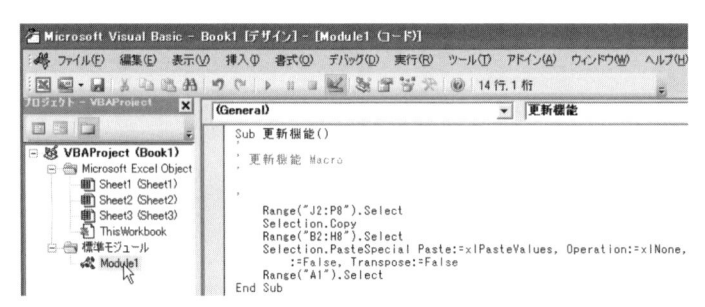

図 7.32 標準モジュール(左画面)の Module1 をクリックして開く △

△ 設定したら閉じる．

```
Sub 更新機能()
'
' 更新機能 Macro
'
    Range ("J2:P8") .Select
    Selection.Copy
    Range ("B2:H8") .Select
    Selection.PasteSpecial Paste:=xlPasteValues, Operation:=xlNone, SkipBlanks _
        :=False, Transpose:=False
    Range ("A1") .Select
End Sub
```

図 7.33 記録されたマクロ

7.4 ルールを適用する

順を箇条書きにしたものです (図 7.33). 1) J2〜P8 の範囲を選んで 2) コピーし，3) B2〜H8 の範囲に値のみを貼り付け，4) A1 のセルを選択する．となっています．Sub で始まり End Sub で終わるこのようなプログラムは関数またはプロシージャとよばれます．確認ができたら，このウィンドウは閉じましょう．

5 ▶ コマンドボタンと関係づける

シートに貼り付けた「更新ボタン」をクリックするたびこの「更新機能」という関数が動作するように設定しましょう．「開発」タブの「コントロール」グループにある「デザインモード」のボタンが押されていることを確認して，「更新ボタン」をダブルクリックしてください (図 7.34).

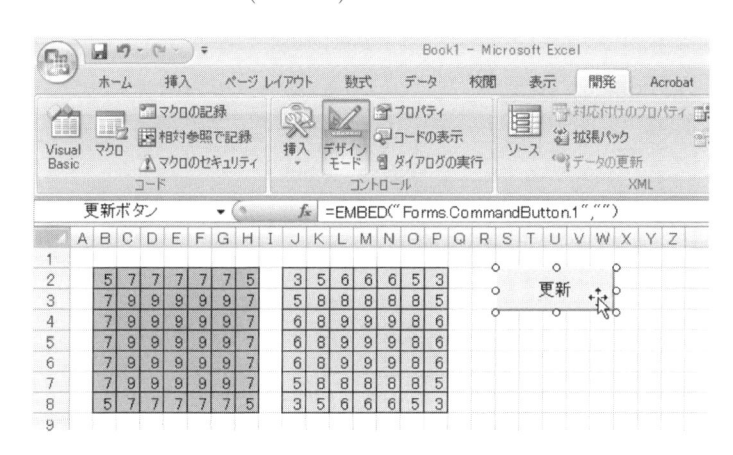

図 7.34 「更新ボタン」をダブルクリック

図 7.35 のように，

```
Private Sub 更新ボタン_Click( )
End Sub
```

と表示されます．これは「更新ボタン」がクリックされたときの動作を指定する部分です．中身がまだ空白となっていますから，先ほど準備した関数「更新機能」に書かれた動作が順番に実行されるようにしましょう．それには，Private Sub 更新

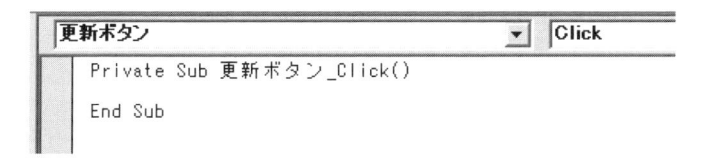

図 7.35 「更新ボタン」がクリックされたときの動作を書く枠組み

ボタン_Click( ) と End Sub の間に「更新機能」と書けばいいのです (図 **7.36**). これで完了です．デザインモードを終了します (図 **7.37**).

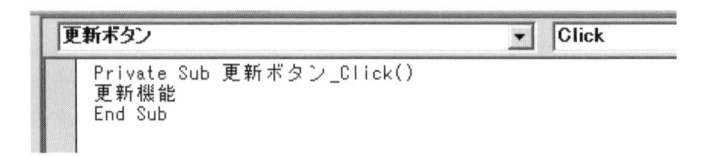

図 7.36 二行目に「更新機能」△

> △ 設定したら閉じる．

図 7.37 デザインモードの終了

「更新ボタン」をクリックして動作を確認しましょう．「更新ボタン」をクリックするとそのたび，セルの値が変化します (図 **7.38**).

図 7.38 動作を確認

6 更新をもう少しスムーズにする

このままでも動作に問題はありませんが，画像の書き換えに時間がかかっているようです．これが画像のちらつきの原因です．マクロを利用して作った関数「更新」をもう少しスムーズに動作するように修正しておきましょう．「1) J2～P8 の範囲を選んで 2) コピー」という二つの手順を，図 **7.39** のように「1) J2～P8 の範囲をコピー」とまとめて書くことでだいぶスムーズになります．

```
Sub 更新機能()
'
' 更新機能 Macro
'
    Range("J2:P8").Copy
    Range("B2:H8").PasteSpecial Paste:=xlPasteValues, Operation:=xlNone, SkipBlanks _
        :=False, Transpose:=False
    Range("A1").Select
End Sub
```

図 **7.39** 手順をまとめて短く修正 △

△ p.98 を参照して Module1 を開き，設定したら閉じる．

7.5 表現を工夫する

1 色で表現する

セルの値によって色を変えて表示するように設定しましょう．数値だけでは，状態を把握しにくいので第 II 部では数値を色で表現します．これはそのための練習です．B2～H8 のセルを選択し (図 **7.40**)，「ホーム」タブの「スタイル」グループにある「条件付き書式」メニューから「カラースケール」を選び，「赤, 黄のカラースケール」を指定します (図 **7.41**).

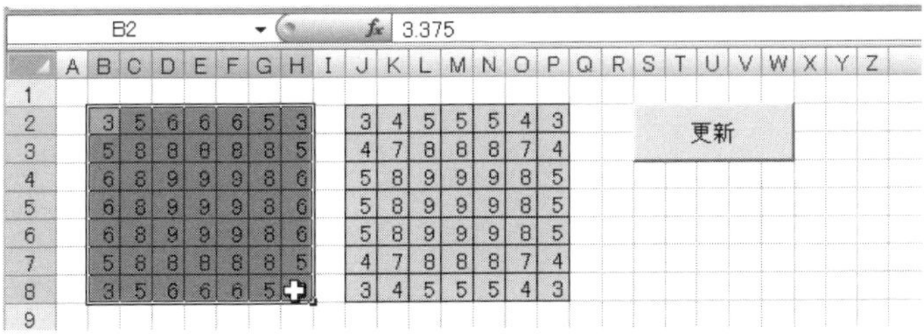

図 **7.40** B2～H8 を選択

第7章 マクロ機能

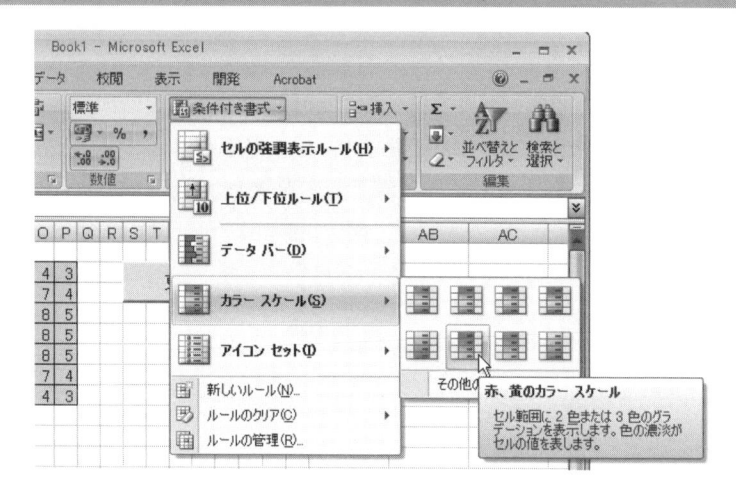

図 7.41 条件付き書式を選択

2 更新を確認する

試してみましょう．赤色の範囲にすべて9を入力します．すると，自動的に計算が行われて緑色の範囲に結果が表示されます．ここで，「更新ボタン」をクリックすれば緑色の範囲 (右) の値が赤色の範囲 (左) に上書きされるはずです．「更新ボタン」をクリックしてください (図 7.42)．色も確かめてください．さらに何度かクリックしてみましょう (図 7.43)．

図 7.42 「更新ボタン」の確認

図 7.43 もう一度確認

7.5 表現を工夫する

3 初期化ボタンを設定する

　もう一つコマンドボタンを貼り付けてください．「開発」タブの「挿入」から「コマンドボタン」を選んで (図 **7.44**)，適当な位置に貼り付けます (図 **7.45**)．ボタンの貼り付け方は前を参考にしてください．貼り付けたボタンを選択しておいて「コントロール」グループの「プロパティ」をクリックします．表示される「プロパティ」フォームでオブジェクト名は「初期化ボタン」，Caption は「初期化」とします (図 **7.46**)．

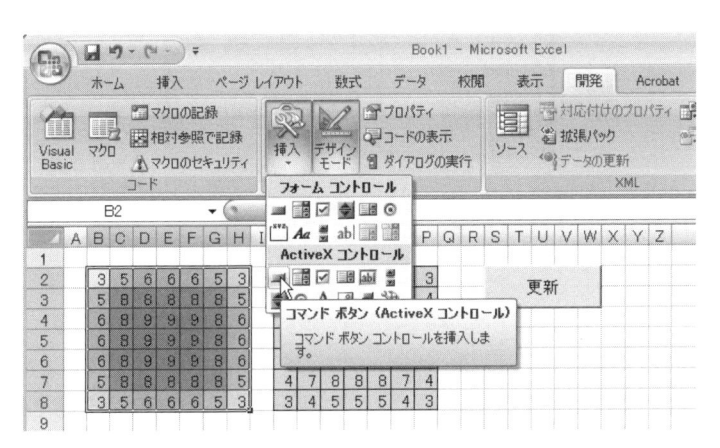

図 **7.44**　コマンドボタンを選択

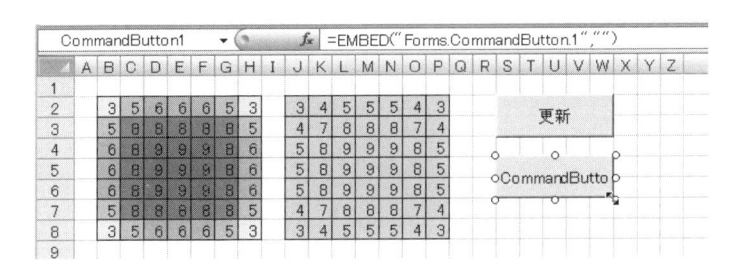

図 **7.45**　ボタンを貼り付ける

第 II 部　ルールを決めてシミュレーション

第7章 マクロ機能

図 7.46 オブジェクト名と Caption を変更 △

△ 設定したら閉じる．

　貼り付けた「初期化ボタン」をダブルクリックしてください (図 7.47)．表示される空の関数「初期化ボタン_Click()」に「初期化機能」と書きます (図 7.48)．今度は「初期化機能」の中身をマクロ記録を使わずに書きましょう．標準モジュールの Module1 を開いて，すでにある End Sub の後に図 7.49 のように記入してください．これは B2〜H8 の範囲をすべて 9 とする動作です．

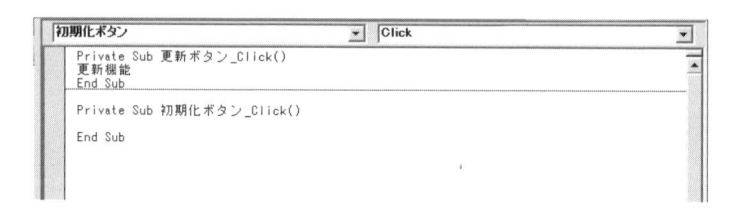

図 7.47 「初期化ボタン」がクリックされたときの動作を書く枠組み

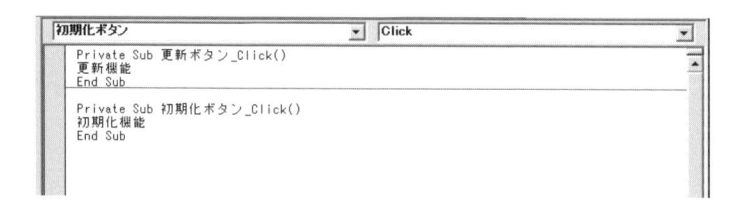

図 7.48 初期化ボタンと初期化機能をつなぐ

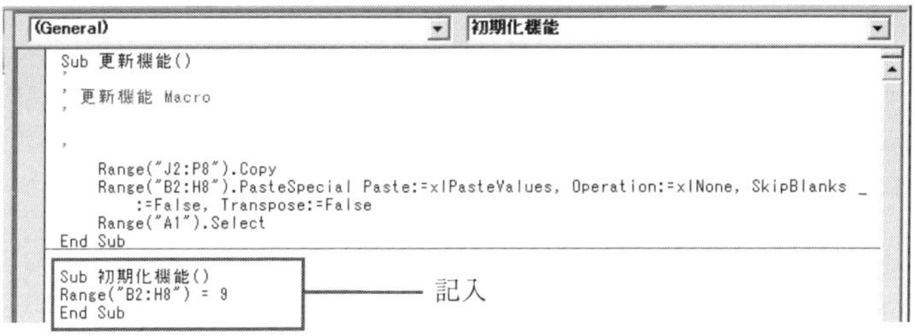
(General)
初期化機能
Sub 更新機能()
'
' 更新機能 Macro
'
'
Range("J2:P8").Copy
Range("B2:H8").PasteSpecial Paste:=xlPasteValues, Operation:=xlNone, SkipBlanks _
:=False, Transpose:=False
Range("A1").Select
End Sub
Sub 初期化機能()
Range("B2:H8") = 9
End Sub
記入

図 7.49　初期化機能のプログラムを書く⚠

⚠ p.98 を参照して Module1 を開き，設定したら閉じる．

デザインモードを終了して (**図 7.50**)，「初期化ボタン」を試してみましょう．「初期化ボタン」をクリックすると左の範囲はすべて 9 となるはずです (**図 7.51**)．うまくいきましたか．ここまでできたら完成です．

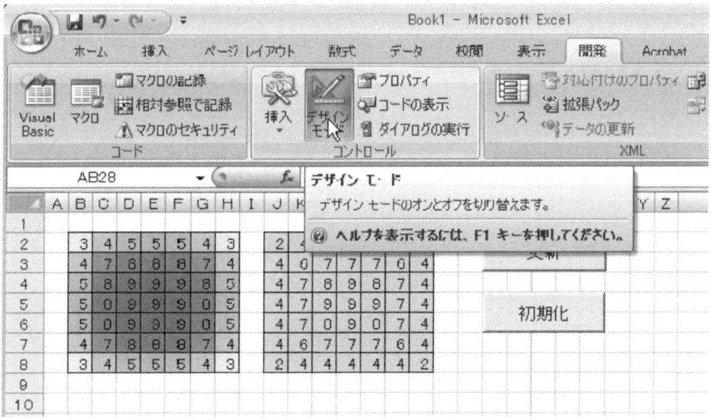
Book1 - Microsoft Excel
ホーム
挿入
ページ レイアウト
数式
データ
校閲
表示
開発
Acrobat
Visual Basic
マクロ
マクロの記録
相対参照で記録
マクロのセキュリティ
コード
挿入
デザイン モード
プロパティ
コードの表示
ダイアログの実行
コントロール
ソース
対応付けのプロパティ
拡張パック
データの更新
XML
AB28
デザイン モード
デザイン モードのオンとオフを切り替えます。
ヘルプを表示するには、F1 キーを押してください。
初期化

図 7.50　デザインモードの終了

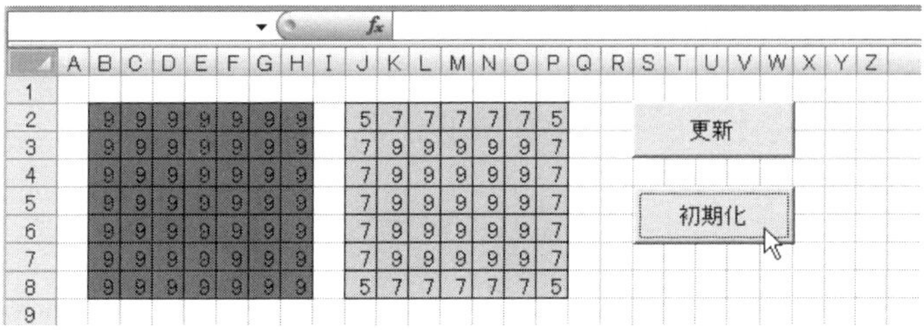
更新
初期化

図 7.51　「初期化ボタン」をためす

第 7 章 マクロ機能

もう一度「初期化ボタン」をクリックしてから，「更新ボタン」を数回ためしてみましょう (図 7.52).

図 7.52　「更新ボタン」をクリックするたびに

4　保存して終了

最後にファイルを保存します．左上の「Office」ボタンをクリックし，「名前を付けて保存」のメニューにある「Excel マクロ有効ブック」を選択します (図 7.53)．表示される「名前を付けて保存」ダイアログボックスでファイル名を「マクロの練習」などとして「保存」をクリックします (図 7.54)．Excel 2010 では，「ファイル」タブからはじめます．

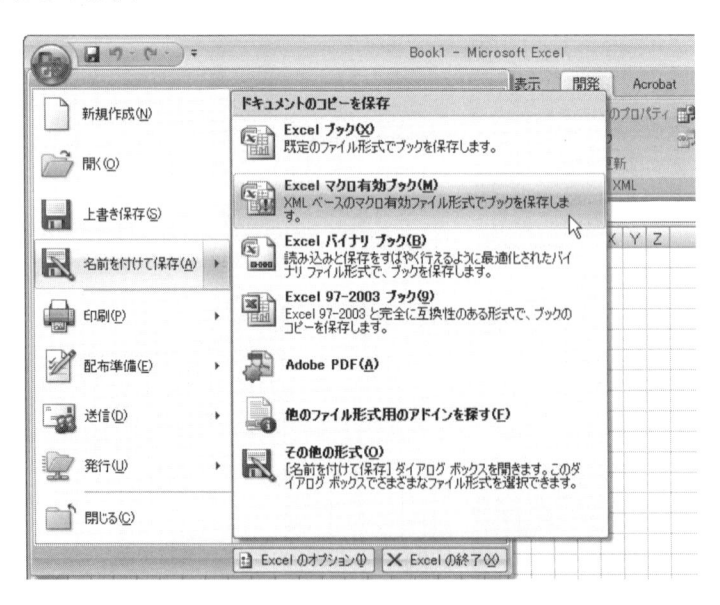

図 7.53　名前を付けて保存を選択

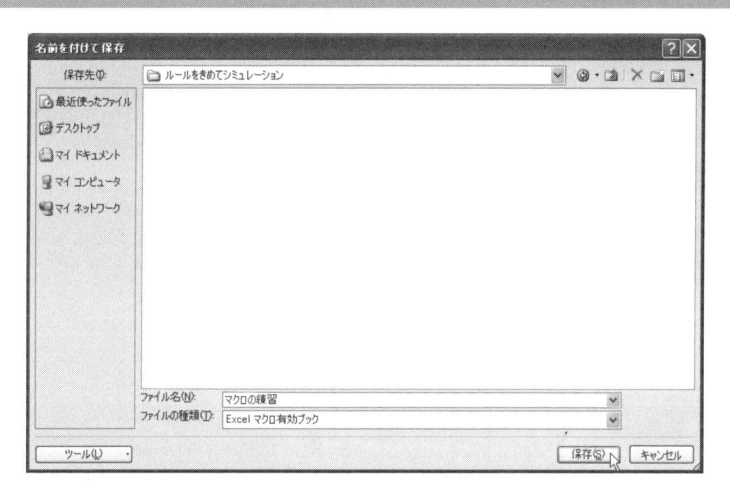

図 7.54 ファイル名を指定して保存

> ### この章のポイント
> ■ 開発タブを表示する
> ■ コマンドボタンを準備する
> ■ マクロ記録を使う
> ■ 条件付き書式の設定でセルの色を指定する

演習問題 7

7.1 セルのサイズを小さくして，本文中で説明した 7×7 のセルを 20×20 に変更してみましょう．

7.2 この練習では二つのセル空間を一枚のシートの右と左に書きましたが，それぞれを別々のシートに書いてみましょう．

第8章 熱の伝わり方

針金のような細い棒の中を熱はどのように伝わるのでしょうか．熱伝導の数学モデルを作って温度の変化をシミュレーションで観察しましょう．

8.1 針金の熱伝導を考える

　図 **8.1** に示すような針金のような細長い物体を考えましょう．針金の温度が場所によって異なるとき，放っておけば高温のところから低温のところへ熱が伝わって，各点の温度は時間とともに変化していきます．このように物体の中で温度差があると高温部から低温部へと熱の移動が起こり，全部が同じ温度になるまで各点の温度が変化します．

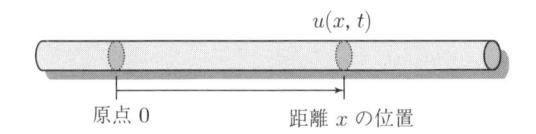

図 8.1 針金の座標と温度の記述法

　物体中を熱が移動する現象を**熱伝導**といいますが，熱伝導は分子や電子の振動によって生じるのだそうです．物体の一部を加熱するとその部分の分子や電子の運動が激しくなり，その隣の分子や電子と衝突して隣の分子や電子を揺さぶると考えられます．次々と揺さぶられて運動が広がっていくことによって熱が伝わるというわけです．金属では自由電子をもっていますから熱も伝わりやすいわけですが，**絶縁体**や**半導体**ではこの逆で熱も伝わりにくいのです．このように物質によって熱の伝わりやすさは異なります．この伝わりやすさを示す係数が**熱伝導係数**です．

8.2 温まりやすさ冷めやすさ

物質の温度を 1 度だけ上げるために必要な**熱量**を**熱容量**といいます．針金のように細長い場合には，その断面積を a，物質の密度を ρ，**比熱**を c とすれば単位長さあたりの熱容量は $\rho a c$ となります．位置 x を中心として短い長さ Δx の部分の温度が時刻 t のときの $u(x, t)$ から，Δt だけ時間が経過して時刻 $t + \Delta t$ となったとき $u(x, t + \Delta t)$ へと変化すれば，そのとき加えられた熱量は，「加えられた熱量 ＝ 単位長さあたりの熱容量×長さ×温度変化」という関係式から求めることができますから

$$\rho a c \Delta x \{u(x, t + \Delta t) - u(x, t)\} = \Delta Q \tag{8.1}$$

となります．この式は温度の時間的変化を示していると考えられます．

8.3 熱の伝わりやすさ

熱は場所による温度差があるときに移動するのですから，その温度差が大きいほど移動も多いということになります．正確には温度差ではなくその傾きですが，これを**温度勾配**といいます．図 **8.2** のように位置 x を中心としてその前後にある長さ Δx の短い区間を考えましょう．断面 A と B はそれぞれの区間の中央にありますから，A と B の間の長さも Δx です．断面 A の温度勾配は，

$$\frac{u(x, t) - u(x - \Delta x, t)}{\Delta x} \tag{8.2}$$

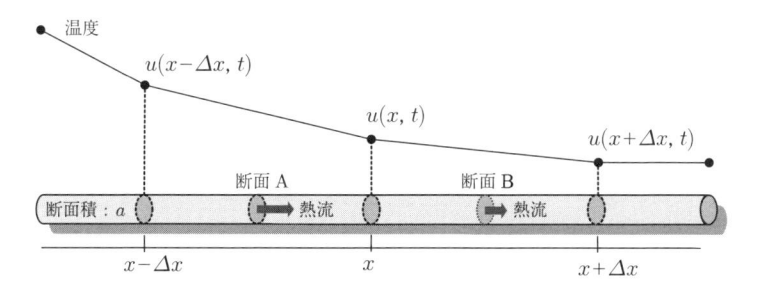

図 **8.2** 位置 x の前後にある微小な区間

断面 B の温度勾配は，

$$\frac{u(x+\Delta x, t) - u(x, t)}{\Delta x} \tag{8.3}$$

となります．図 8.2 のような温度差がある場合温度勾配は負となりますが，このようなとき左から右へ，すなわち，正の方向へ熱が移動します．その移動量は温度勾配に比例するのですから，断面の単位面積あたりの熱の移動量は，A 点で

$$\phi_A = -k \frac{u(x,t) - u(x-\Delta x, t)}{\Delta x} \tag{8.4}$$

B 点で

$$\phi_B = -k \frac{u(x+\Delta x, t) - u(x,t)}{\Delta x} \tag{8.5}$$

となります．ϕ_A, ϕ_B は**熱流密度**，比例定数 k は**熱伝導係数**とよばれます．断面積は a ですから，断面 A と B にはさまれた中央の区間には断面 A を通して単位時間に熱流 $a\phi_A$ が流れ込んできて，断面 B を通して $a\phi_B$ だけ逃げていくわけです．そうすると，時間 Δt の間に，この区間に加えられる熱量 ΔQ は A から流れ込んできて B から流れ出ていく熱流の差ですから

$$\Delta Q = a\phi_A \Delta t - a\phi_B \Delta t \tag{8.6}$$

となります．式 (8.6) に式 (8.4)，(8.5) を代入すると

$$\Delta Q = -ak\frac{u(x,t) - u(x-\Delta x, t)}{\Delta x}\Delta t + ak\frac{u(x+\Delta x, t) - u(x,t)}{\Delta x}\Delta t \tag{8.7}$$

となります．式 (8.7) は位置の違いによる温度の関係を示していますから，空間的変化を示す式と考えられます．

8.4 熱伝導の数学モデル

時間的変化を表す式 (8.1) と空間的変化を表す式 (8.7) を総合すると熱伝導の数理モデルが得られます．式 (8.7) を式 (8.1) に代入しましょう．

$$\rho a c \Delta x \{u(x, t+\Delta t) - u(x,t)\} = -ak\frac{u(x,t) - u(x-\Delta x, t)}{\Delta x}\Delta t$$
$$+ ak\frac{u(x+\Delta x, t) - u(x,t)}{\Delta x}\Delta t \tag{8.8}$$

式 (8.8) は**熱伝導方程式** ⚠ です．これを少し変形して，温度分布の時間的変化を示すルールへと書き換えてみましょう．式 (8.8) の両辺を $\rho a c \Delta x$ で割ると次のように

なります．

$$u(x, t+\Delta t) - u(x, t)$$
$$= -\frac{k}{\rho c}\left(\frac{u(x,t) - u(x-\Delta x, t)}{\Delta x^2} - \frac{u(x+\Delta x, t) - u(x, t)}{\Delta x^2}\right)\Delta t$$
(8.9)

左辺の第二項を右辺に移行して整理すると

$$u(x, t+\Delta t) = u(x+t) + \frac{k}{\rho c}\left(\frac{u(x+\Delta x, t) - 2u(x, t) + u(x-\Delta x, t)}{\Delta x^2}\right)\Delta t$$
(8.10)

となります．これは，位置 x における次の時刻 $t + \Delta t$ の温度 $u(x, t + \Delta t)$ が，その位置 x と前後の位置 $x - \Delta x$, $x + \Delta x$ における時刻 t の温度 $u(x, t)$, $u(x - \Delta x, t)$, $u(x + \Delta x, t)$ からどのように計算されるかというルールを示していると考えられます．

⚠ 正確には熱伝導方程式の差分表現です．

8.5 長さ 10 cm の棒を考える

図 8.3 に示される長さ 10 cm の鉄の棒を考えましょう．棒の側面と左側の断面は断熱材で覆われているとします．右側の断面は 0°C の外気にさらされています．はじめに 200°C だった棒の温度はどのように変化していくでしょうか．棒の長さは 0.1 m です．鉄の密度 $\rho = 7860$ kg/m^3，比熱 $c = 500$ J/kg，熱伝導率 $k = 50$ J/msK として計算しましょう．断面積が $a = 0.0001$ m^2 (1 cm^2) としますが，これは計算に使われませんね．棒を長さ方向に 10 等分して，その各点の温度を計算することにします．したがって，区間の長さは $\Delta x = 0.01$ m となります．時刻 0 から 300 秒までを 1 秒間隔で計算するなら $\Delta t = 1$ となります．

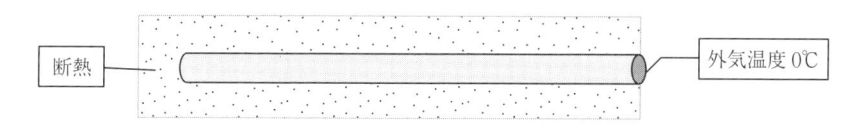

図 8.3 長さ 10 cm の鉄の棒

8.6 Excelで熱伝導のシミュレーション

1 Excelを起動して，新しいブックを準備する

Excelを起動してください．A列をクリックし，そのままドラッグしてN列までを選択します．「ホーム」タブにある「セル」グループの「書式」メニューから「列の幅」を選択して (図 8.4)，ダイアログボックスで列幅を4と入力し，OKをクリックします (図 8.5)．

図 8.4 「書式」メニューから「列の幅」を選択

図 8.5 列幅の変更

2 見出しを付ける

A列には時刻を記入することにして，A1セルに「t」と記入します．C列は位置 $x=0$ の温度を，D列は $x=0.01$ の温度を，という具合に順に並べることにしてM列は $x=0.1$ の温度を書き込むことにします．見出しはC1から順に「x=0」「0.01」…「0.09」「x=0.1」とします．さらに，定数を示す見出しとしてO2, O3, O4,O6セルにそれぞれ「$\rho=$」「$c=$」「$k=$」「$D=$」を記入します (図 8.6)．

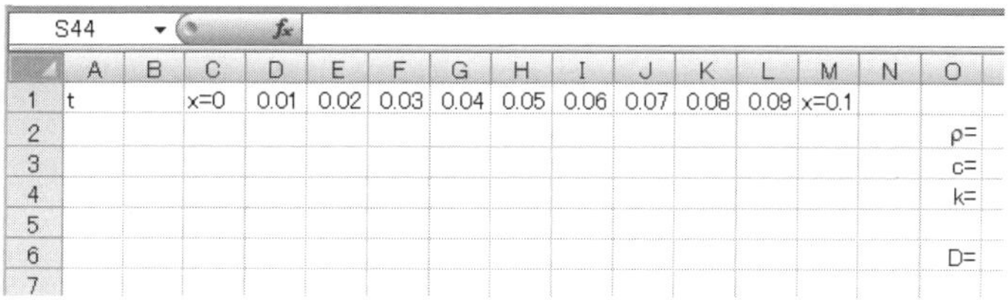

8.6 Excelで熱伝導のシミュレーション

図 8.6　見出しを付ける

3　定数を記入する

鉄の密度 7860, 比熱 500, 熱伝導率 50 をそれぞれ P2, P3, P4 に書き込みます. Q2, Q3, Q4 に単位を書くといいでしょう (図 8.7).

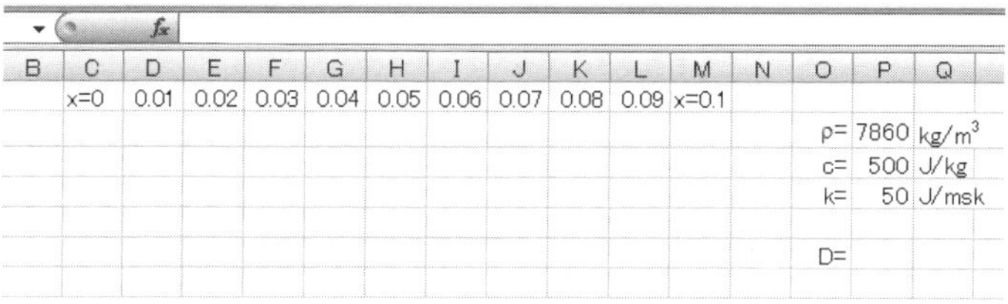

図 8.7　定数の記入

4　時刻の列を作成する

次は時刻です. 温度の変化を時刻 0 から 300 秒 (5 分間) まで 1 秒ごとに調べましょう. したがって $\Delta t = 1$ ということになります. A2 セルに 0 と入力し (図 8.8), もう一度 A2 セルを選択してから「編集」グループ「フィル」→「連続データの作成」と進みます (図 8.9). 表示されるダイアログボックスで「列」を指定し, 増分値に「1」, 停止値に「300」を入力して「OK」をクリックしてください (図 8.10). 時刻が 0 から 300 まで増分 $\Delta t = 1$ で A 列に作成されます (図 8.11).

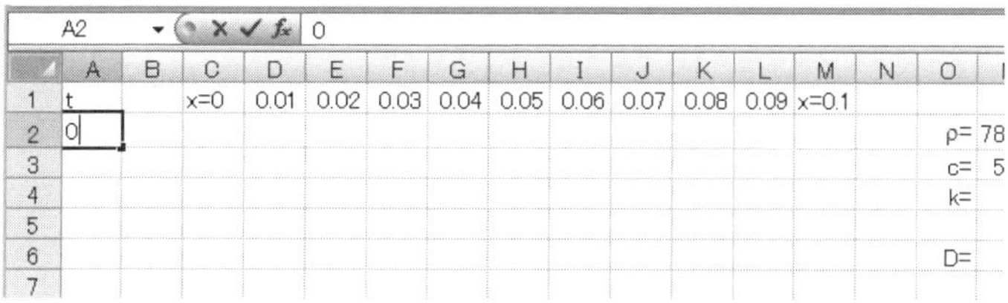

図 8.8　A2 セルに 0 を入力

第 II 部　ルールを決めてシミュレーション

第 8 章 熱の伝わり方

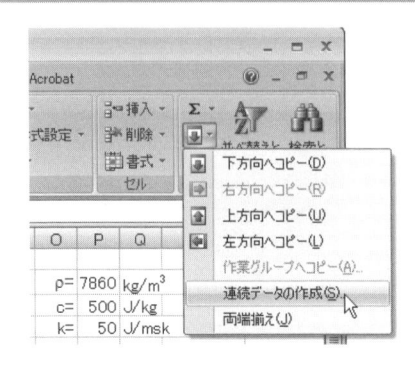

図 8.9　連続データの作成

図 8.10　増幅値と停止値の設定

図 8.11　時刻が A 列に作成される

5　D 値を計算する

ρ, c, k が与えられれば係数 $D = k/\rho c$ を計算できます．これを P6 セルに記述しましょう．P6 セルを選んで=P4/(P3*P2) と入力します．( ) を付けることに注意してください (図 8.12).

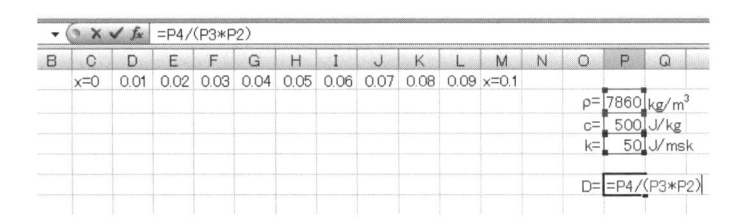

図 8.12　計算式の入力

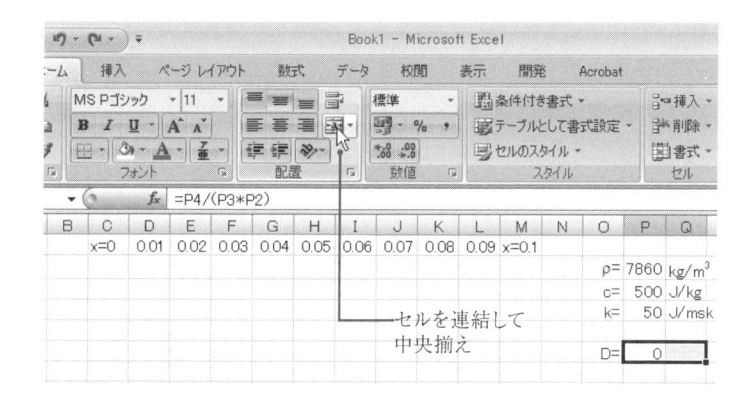

8.6 Excelで熱伝導のシミュレーション

図 8.13 中央で揃える

結果はどうでしょうか．おそらく0と表示されているのではないでしょうか．これは，結果が1よりだいぶ小さな数値であるためにうまく表示されていないのです．もう一度P6セルをクリックして，そのままQ6までドラッグし，「ホーム」タブにある「配置」グループの「セルを連結して中央揃え」を選択してください（図 8.13）．二つのセルが連結して大きなセルとなるために，小数点以下も表示されるようになります（図 8.14）．ここで，「E-05」というのは 10^{-5} の意味です．したがって，1.27×10^{-5} を示しています．

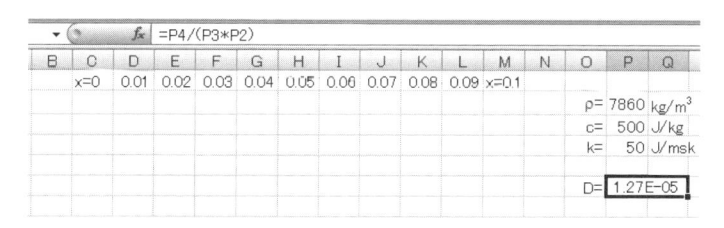

図 8.14 計算結果

6　境界条件を設定する

次は**境界条件**です．問題にある棒の左側 $x=0$ の位置は断熱となっていますから，この断面を通しての熱の出入りはありません．熱の出入りがないようにするには，温度勾配がないように設定すればいいでしょう．温度勾配は左右の温度差によって生じるのですから，温度差がないように設定すればいいということになります．したがって，B2セルを選んで「=C2」と書きENTERを押します（図 8.15）．仮にC2が200°Cなら仮想の点B2の温度も自動的に200°Cとなり，温度勾配は常に0となります．B列はこの条件を設定するために仮想的にもうけたセルだったのです．もう一度B2セルをクリックし，右下のフィルハンドルにマウスを重ねます（図 8.16）．

第 8 章 熱の伝わり方

ポインタが+に変わりますから，これをダブルクリックしてください．300 秒後まですべて同様の条件が入力されます (図 **8.17**)．

右側 $x = 0.1$ の位置は常に温度 0 にさらされていますので，N 列の値は 0 とすればいいでしょう．N2 セルに 0 と記入して (図 **8.18**)，フィルハンドルを引っ張って 300 秒後まで設定してください (図 **8.19**)△．

> △ M 列に値が記入されていませんのでダブルクリックは使えません．

図 **8.15** 温度勾配が 0 になるように設定する

図 **8.16** フィルハンドル

図 **8.17** ダブルクリック

図 **8.18** N2 セルに 0 を入力

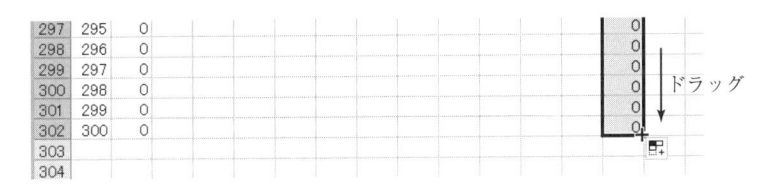

8.6 Excelで熱伝導のシミュレーション

図 8.19　300秒までドラッグする

7　初期温度を設定する

時刻 0 の初期温度はすべての位置で 200°C ですから，C2〜M2 までのセルに 200 を記入します (図 8.20)．

図 8.20　初期温度 200 を入力

8　温度を色で表現する

数値だけでは変化の様子を把握するのが難しいですから，温度を色で表現することにしましょう．C2〜M302 のセルを選択して，「ホーム」タブにある「スタイル」グループから「条件付き書式」を選択します．メニューにある「カラースケール」→「赤，黄，青のカラースケール」を選んでください (図 8.21)．温度が高いところは赤で，中間は黄で，低いところは青で表示されるようになります (図 8.22)．

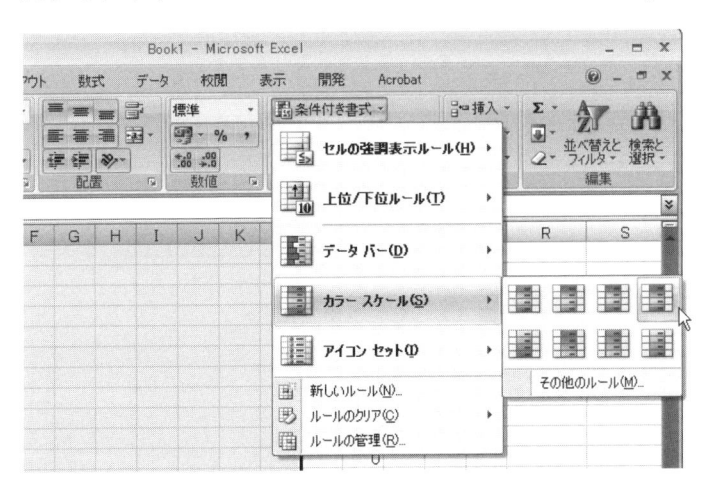

図 8.21　「赤，黄，青のカラースケール」を選ぶ

第 II 部　ルールを決めてシミュレーション

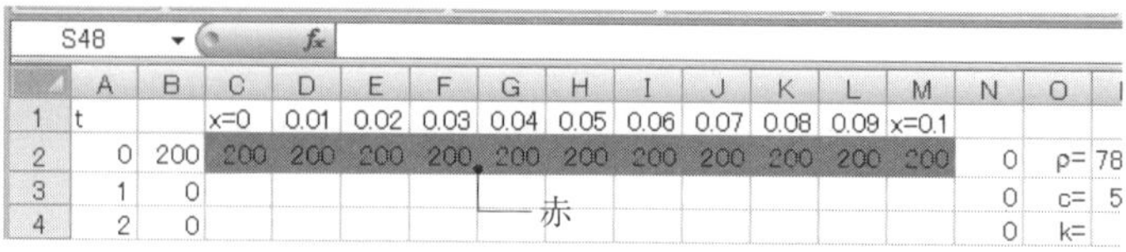

図 8.22　温度の高いところは赤で表示される

9　温度変化を計算する

　温度の時間的，空間的変化を計算しましょう．変化のルールは式 (8.10) に書かれています．C3 セルを選んで

$$\text{=C2+\$P\$6*1*(D2-2*C2+B2)/0.01\textasciicircum 2}$$

と書いて ENTER を押します（図 8.23）．右辺の第 1 項の C2 は同じ位置の時刻 t における温度 $u(x,t)$ を意味しています．\$P\$6 は P6 セルにある $D = k/\rho c$ ですが，常にこの値を使いますから \$ を付けて絶対参照としました．次の 1 は $\Delta t = 1$ です．( ) の中は，$u(x+\Delta x, t) - 2u(x,t) + u(x-\Delta x, t)$ です．^2 は二乗の意味ですから，0.01^2 は Δx^2 の計算です．C3〜M3 を選択してください（図 8.24）．右下のフィルハンドルをダブルクリックすると 300 秒までが計算されます（図 8.25）．説明の必要はないかもしれませんが，たとえば，4 行目は 2 秒後の温度分布を示しています．$x = 0$〜0.1 までの点における温度がわかります．

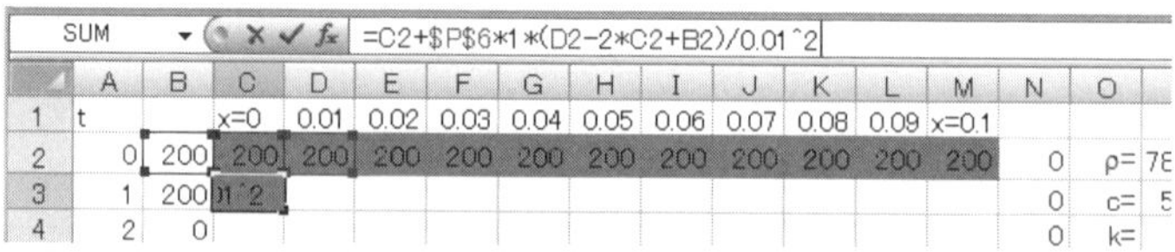

図 8.23　計算式を入力する

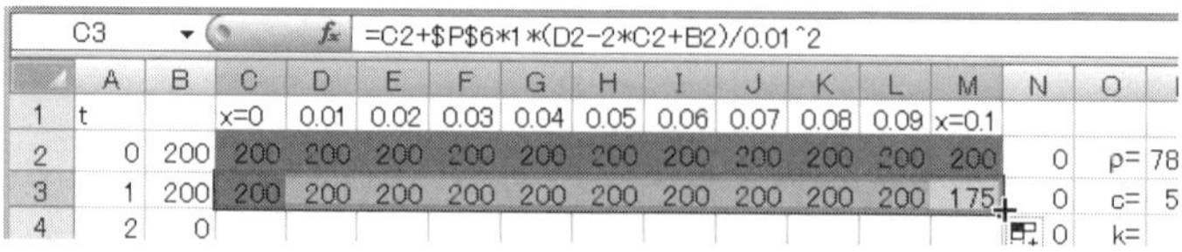

図 8.24　C3〜M3 を選択する

8.6 Excelで熱伝導のシミュレーション

図 8.25 ダブルクリックですべてを計算

10 ▶ 両端と中央の温度変化を時刻歴としてグラフにする

$x=0, 0.1$ の点 (両端) と $x=0.05$ の点 (中央) の温度が時間とともにどのように変化しているか，グラフに描いてみましょう．はじめに A をクリックし，次にコントロールキー (Ctrl キー) を押してから，そのまま C, H, M をクリックします (図 8.26)．すると，A, C, H, M 列を選択することができます．「挿入」タブの「グラフ」グループにある「散布図」から「散布図 (直線)」をクリックしてください (図 8.27)．グラフが描かれます (図 8.28)．

図 8.26 A, C, H, M 列を選択する

第 8 章　熱の伝わり方

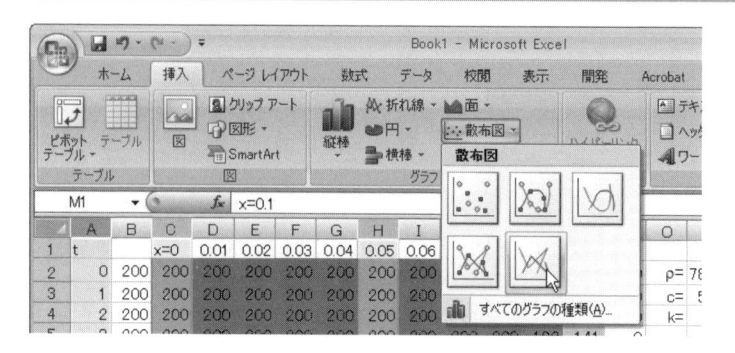

図 8.27　散布図 (直線) をクリック

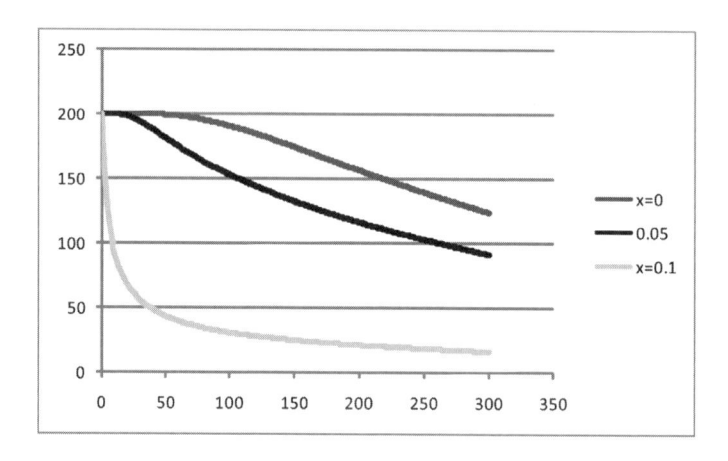

図 8.28　グラフが描かれる

　描かれたグラフを選択しておいて，「グラフツール」の「デザイン」にある「種類」グループから「グラフの種類の変更」を選択します (図 8.29)．現れるダイアログボックスで「テンプレート」を選び，「マイテンプレート」から「シミュレーション (マーカーなし)」を指定してください (図 8.30)．

> ⚠　マイテンプレートに表示される「シミュレーション」などは第 1 章の「関数とグラフ」で定義したものです．これがまだ登録されていない場合には表示されません．

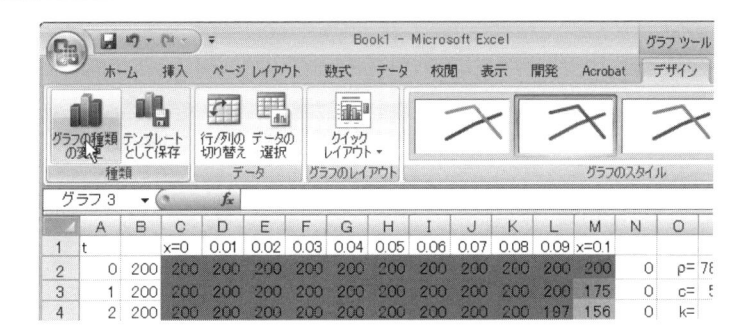

8.6 Excelで熱伝導のシミュレーション

図 8.29 「グラフの種類の変更」を選択

図 8.30 シミュレーション(マーカーなし) を選択

「グラフツール」の「レイアウト」にある「ラベル」グループから「凡例」を選択し，メニューから「凡例を右に重ねて配置」を指定します (図 8.31)．グラフの完成です (図 8.32)．

第 8 章 熱の伝わり方

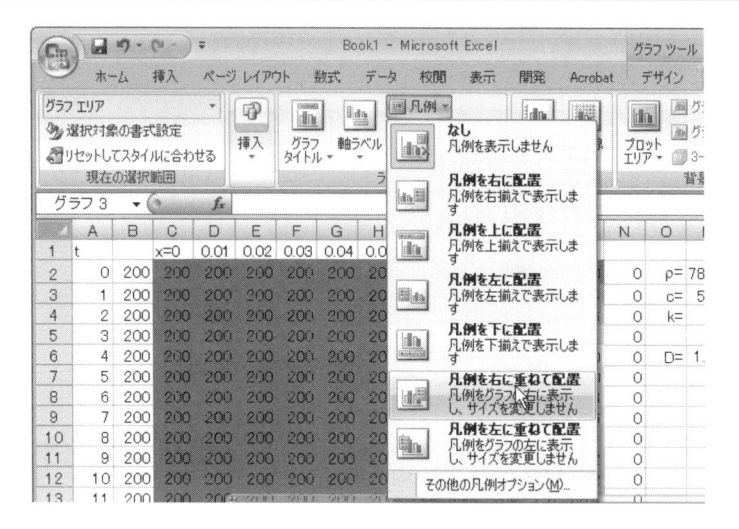

図 8.31 凡例を指定

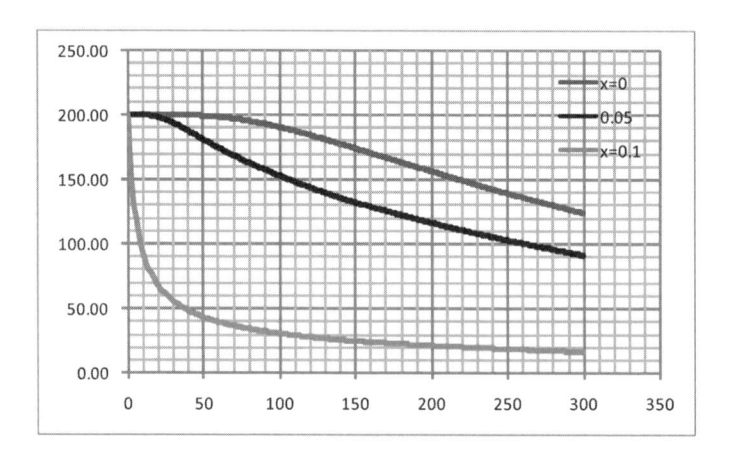

図 8.32 グラフが描かれる

11 10 秒, 50 秒, 100 秒, 300 秒後の温度分布をグラフにする

今度は, 10 秒, 50 秒, 100 秒, 300 秒後の温度分布をグラフにしましょう. 10 秒後の温度分布が書かれている C12〜M12 を選択し, コントロールキーを押してそのまま 50 秒後の C52〜M52, 100 秒後の C102〜M102, 300 秒後の C302〜M302 を選択します (図 8.33).「グラフ」グループにある「折れ線」から「マーカー付き折れ線」を指定します (図 8.34). グラフが描かれます (図 8.35).

8.6 Excelで熱伝導のシミュレーション

図 8.33 温度分布を選択する

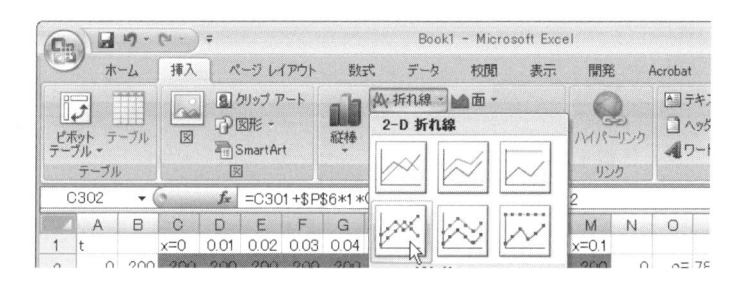

図 8.34 「マーカー付き折れ線」を指定

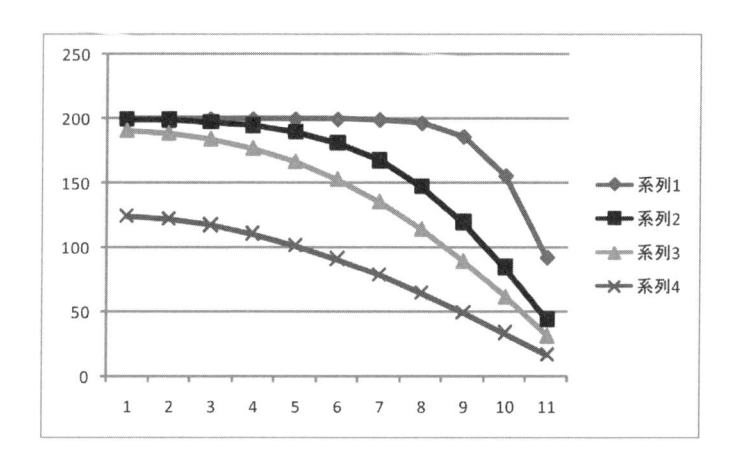

図 8.35 グラフが描かれる

描かれたグラフを選択しておいて「グラフツール」の「デザイン」にある「種類」グループから「グラフの種類の変更」を選択します．現れるダイアログボックスで「テンプレート」を選び，「マイテンプレート」から「シミュレーション (マーカー

第 8 章 熱の伝わり方

あり)」を指定してください (図 8.36)。

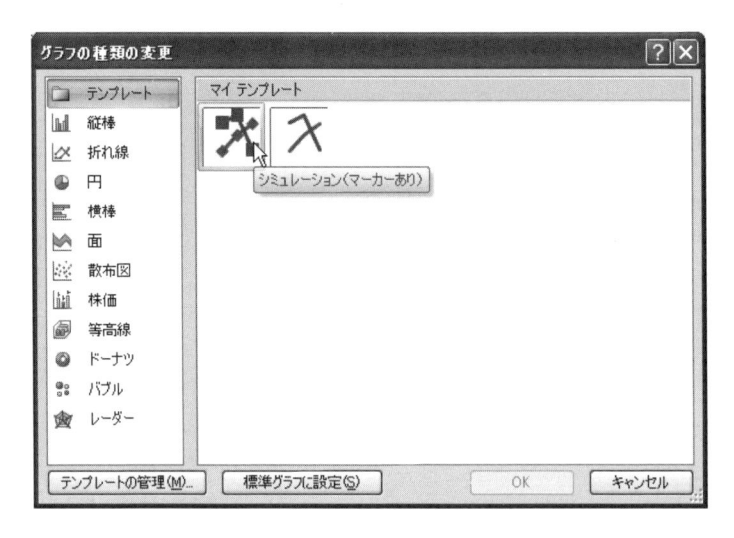

図 8.36 「シミュレーション (マーカーあり)」を指定

凡例には,「系列 1」「系列 2」等となっていますが (図 8.37),これではわかりませんので編集しましょう.

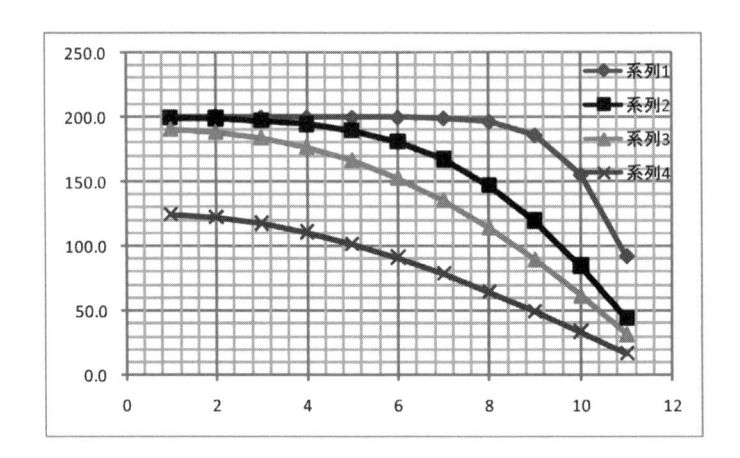

図 8.37 凡例

「グラフツール」の「デザイン」タブにある「データ」グループの「データの選択」をクリックします (図 8.38).表示されるダイアログボックスで「系列 1」を選び「編集」ボタンをクリックします (図 8.39).系列名に「t=10」と書いて「OK」をクリックしてください (図 8.40).図 8.39~8.40 を繰り返し「系列 2」「系列 3」「系

8.6 Excel で熱伝導のシミュレーション

列 4」も「$t=50$」「$t=100$」「$t=300$」と編集しましょう．シミュレーションの完成です (図 **8.41**).

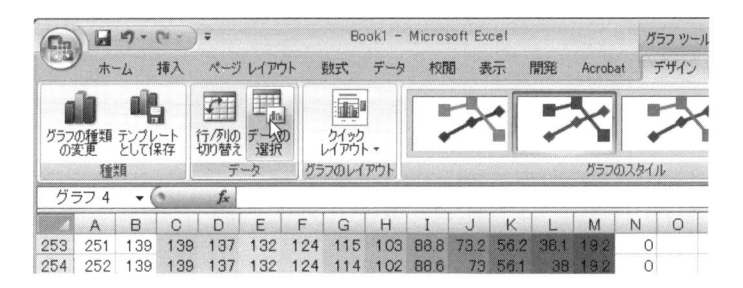

図 **8.38**　「データの選択」をクリック

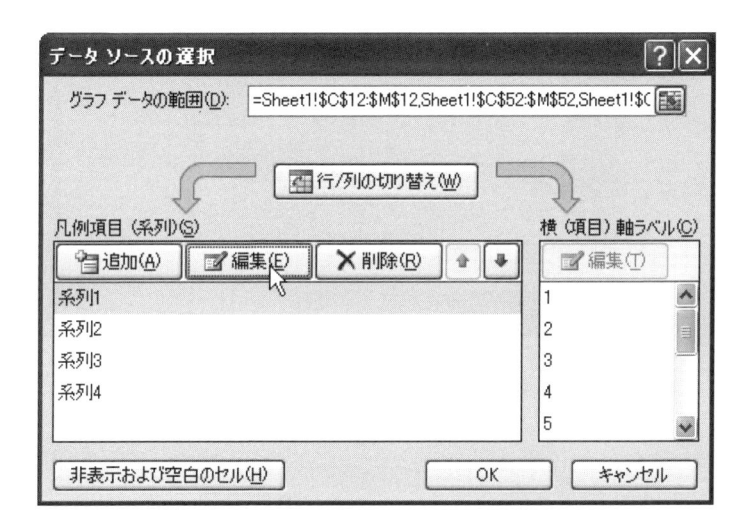

図 **8.39**　系列名を選び「編集」をクリック

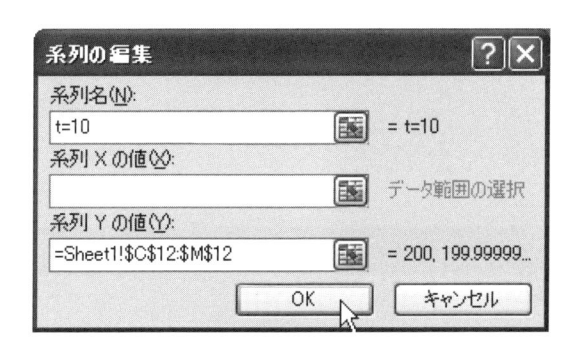

図 **8.40**　系列名に式を入力

第 II 部　ルールを決めてシミュレーション

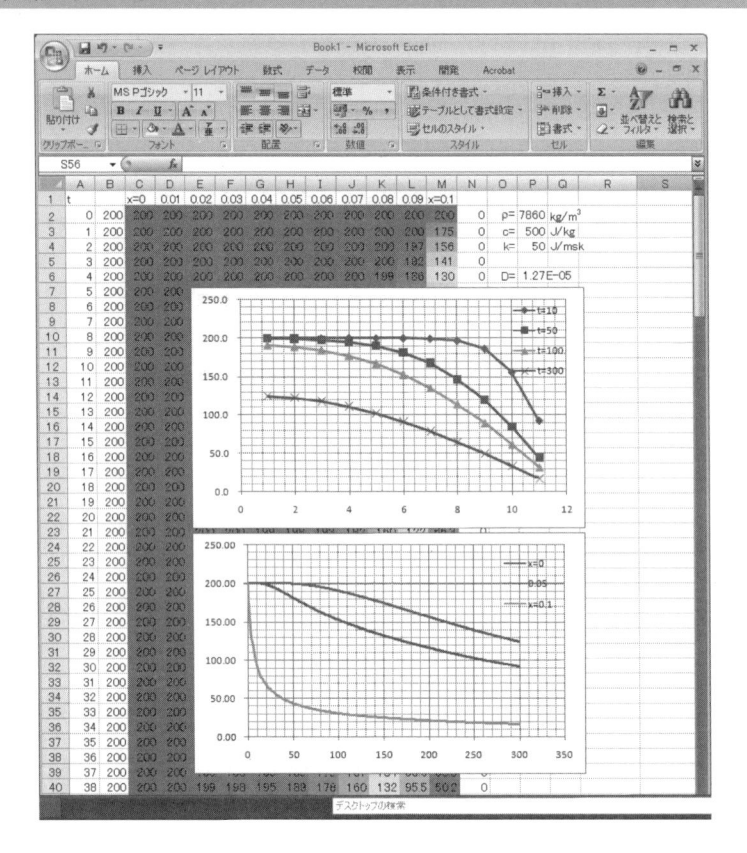

図 8.41 シミュレーションの完成

12 データを保存して終了

最後に保存をしてから，終了しましょう．左上の「Office」ボタンをクリックし，「名前を付けて保存」のメニューにある「Excel ブック」を選択します．表示される「名前を付けて保存」ダイアログボックスでファイル名を「熱伝導」などとして「保存」をクリックします．Excel 2010 では，「ファイル」タブからはじめます．

この章のポイント

- 熱伝導の数理モデルを作る
- 条件をいろいろ変えて温度の時間的な変化をシミュレーションにより観察する

STUDY

■熱伝導方程式

式 (8.8) を Δt と Δx さらに a で割って，さらに Δt と Δx を 0 に近付けたときの極限を考えましょう．左辺は時間 t による微分を，また右辺は位置座標 x による 2 階微分を意味していることがわかります．したがって，次のように書くことができます．

$$\rho c \frac{\partial u}{\partial t} = k \frac{\partial^2 u}{\partial x^2} \tag{8.11}$$

これは**熱伝導方程式**と呼ばれます．

演習問題 8

8.1 この章では，長さ 10 cm の鉄の棒を考えましたが，20 cm, 30 cm, 40 cm の場合をそれぞれ計算してみましょう．

8.2 鉄の棒ではなく，アルミニウムの棒ならどうでしょうか．

8.3 この章では右端を $0°C$ としましたが，$100°C$ とするとどうなるでしょうか．

8.4 この章では左端を断熱としましたが，これを $10°C$ とするにはどのような変更が必要でしょうか．また，その結果はどうでしょうか．

第9章 貝殻の模様

貝殻の模様は細胞間のローカルな相互作用によって描かれるそうです．簡単なルールに基づくローカルな相互作用によってさまざまな模様が発生する様子を観察しましょう．

9.1 自然界のセルオートマン

　渡り鳥のように群れをなして飛ぶ鳥たちを見た経験はあるでしょう．鳩の群れは身近ですね．ところで，このような**鳥の群れ**にはリーダーがいるのでしょうか．あまりにも協調したその振る舞いから，リーダーが出す指令にほかのすべての鳥たちが従って行動しているのだろうと誰もが考えてしまいます．しかし，実際はそうではないのです．鳥の群れを実現させる一羽一羽の鳥の振る舞いは次のようなものだそうです．1) 近くにいる仲間と衝突しないようにする．2) 近くにいる仲間と速度を一致させるようにする．3) 近くにいる仲間に周りを囲まれた状態になろうとする．です．この三つの**ルール**にしたがってメンバー全員が振る舞うことで，群れとしての**協調行動**が発現するというわけです．

　似たような現象はほかにも見られます．砂丘にできる砂の模様もその一つでしょう．砂丘に吹く風の影響でできる美しい模様ですが，もちろんこれもデザイナーがいて意図的に描いたものではありません．砂の一粒一粒がそれを囲む周りの状況とあるルールにしたがってその位置を決めているのです．その結果が，美しい模様となって発現するのです．

　高速道路で発生する**交通渋滞**(自然渋滞)もその一種でしょう．前の車のブレーキランプがつくと後続の車は衝突を避けるためにブレーキを踏み，それを見た後ろの車もブレーキを踏みという具合に繰り返されて，車と車の間隔はだんだん密になり，自然渋滞となってしまうのです．この場合にも，誰かが止まれと指示したわけではありません．車と車の**相互作用**によるものです．

　ここで重要なのは，全体を統率する誰かの指令にしたがって現象が生じるのではなく，全体を構成するメンバーまたは要素のそれぞれが周囲の状況を判断して一定のルールで振る舞うことである秩序が形成されるという点です．これを「**局所的なルールに基づく相互作用**」という言葉で表現することがあります．局所的なルール

9.1 自然界のセルオートマン

に基づく相互作用を調べるための計算モデルとして「**セルオートマトン**」があります．格子によって分割された均一な細胞 (セル) 間の相互作用によって動作する自動機械 (オートマトン) ということだそうです．ここでは，このセルオートマトンを見ていきましょう．

貝殻の美しい模様も局所的な相互作用によるもといわれています．美しい模様が自然界のセルオートマトンによって生成されるというわけです．図 9.1 の貝は**イモ貝** (conidae) の一種です．熱帯水域の珊瑚礁に住む海のカタツムリです．コーンスネール (cone snails, conus) ともよばれます．長さ 23 cm 程度まで成長します．約 500 の異なる種があり，海の虫，小さな魚やほかの軟体動物などを食べる肉食性の生物です．貝殻にはたいへん美しい模様があります．

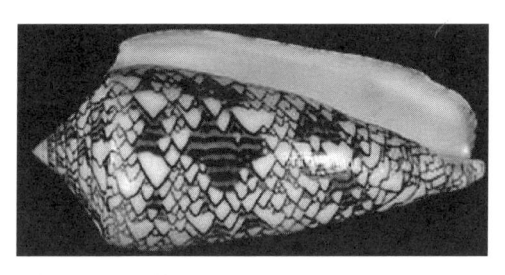

図 9.1 イモ貝 (http://www.coneshell.net)

貝殻の淵に沿って細く帯状に存在する**色素細胞**のそれぞれは，隣の細胞が色素を分泌するのか抑制するのかによって，その細胞自身が色素を分泌するかどうかを決定します．ゆっくりした成長とともにこのような反応が起こると，貝殻の淵に沿う細胞の帯は貝殻の表面に模様を残すことになります．隣の細胞の状態によって自分自身の状態を決めるというわけですから，まさにセルオートマトンです．

ところで，これからお話しするセルオートマトン (**ウルフラムのセルオートマトン**：Wolfram's cellular automaton) で，30 番とよばれるルールを適用すると図 9.2 のようなパターンが生成されます．図 9.1 のイモ貝の模様と比べて見ると，おどろくほどよく似ています．

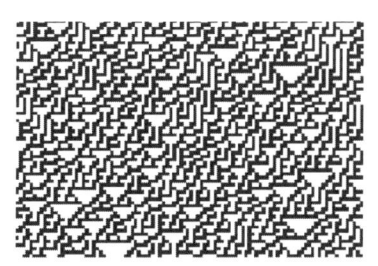

図 9.2 計算されたパターン

9.2 ウルフラムのセルオートマトン

　ウルフラムのセルオートマトンとはどのようなものでしょうか．まずセルは図9.3のように横一列に並んでいるとします．各セルは 1 または 0 の**状態**となることが可能です．状態 1 を黒で，状態 0 を白で表すことにしましょう．初期状態と状態変化のルールを設定すれば，各セルの状態は時間とともに変化します．図9.4のステップ：0 は初期状態の一例です．時間とともにステップ：1，ステップ：2，… と変化していくのです．この時間ステップごとの変化をたてに並べると図9.5のような模様が現れるのです．

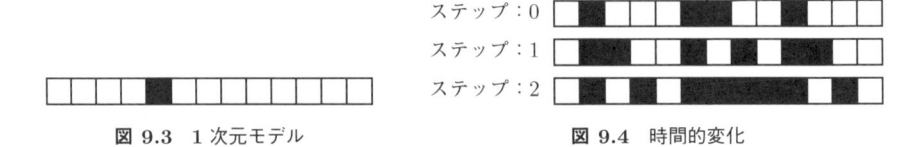

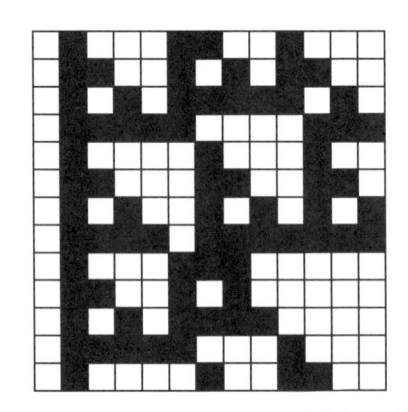

図 9.3 1 次元モデル

図 9.4 時間的変化

図 9.5 セルオートマトンによって生成される模様

　両隣のセルと自分自身を考慮する場合には，可能な状態は図9.6に示す 8 パターンです．図9.6の一番左の例では，両隣のセルと自分自身が□□□すなわち 000 の場合には，次のステップで□すなわち 0 となることを意味しています．同じように□□■すなわち 001 の場合には，次のステップで■すなわち 1 となるわけです．両隣と自分自身を 3 桁の二進数と考えれば，□□□すなわち 000 は十進数の 0，□□■すなわち 001 は十進数の 1，… ■■□すなわち 110 は十進数の 6，■■■すなわち 111 は十進数の 7 となりますから，このルールは図9.7のようにも書くことができます．両隣と自分自身の三つのセルを 3 桁の**二進数**とみてその値を十進数に変換

し，図 9.7 に示される表の 1 行目でその数の書かれた列を探せば，次のステップの状態が 2 行目に書かれているのです．

図 9.6 左右両隣を考慮する状態変化規則 (ルール) の例

0	1	2	3	4	5	6	7
0	1	1	1	1	0	0	0

図 9.7 ルール表の一例 (30 番)

ルールの数は全部でいくつあるでしょうか．表の 8 ヶ所で 1 または 0 の値が可能ですからその組合せは $2^8 = 256$ 通りとなります．ウルフラムはこれらのルールに 0 から 225 までの番号を付けて整理しました．図 9.7 に示した例は前述の 30 番とよばれるルールです．

9.3 Excel でセルオートマトン

1 Excel を起動して，新しいブックを準備する

Excel を起動してください．まず，新しいシートの名前を変更しましょう．「Sheet1」を右クリックしてメニューから「名前の変更」を選択します．Sheet1 は「セルオートマトン」です．同じようにして Sheet2 を「計算」，Sheet3 を「ルール」に変更しましょう (図 9.8)．

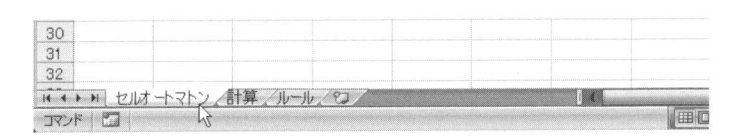

図 9.8 三枚のシートの名前を変更する

「セルオートマトン」の A 列をクリックし，そのままドラッグして AD 列までを選択します (図 9.9)．「ホーム」タブにある「セル」グループの「書式」メニューから「列の幅」を選択して (図 9.10) ダイアログボックスで列幅を 2 と入力し，OK をクリックします (図 9.11)．正方格子となります (図 9.12)．

第 9 章 貝殻の模様

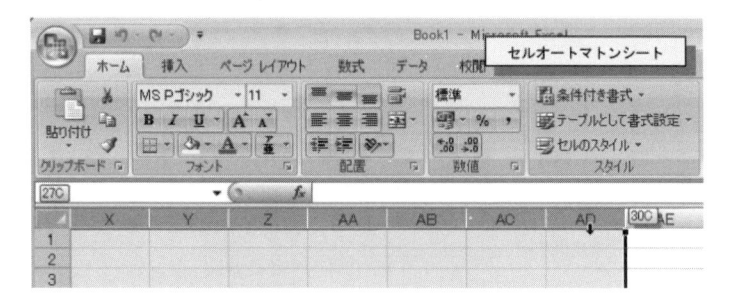

図 9.9 A〜AD 列を選択

図 9.10 幅を選択

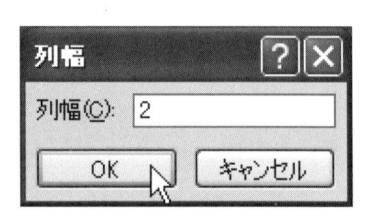

図 9.11 列幅を 2 に設定

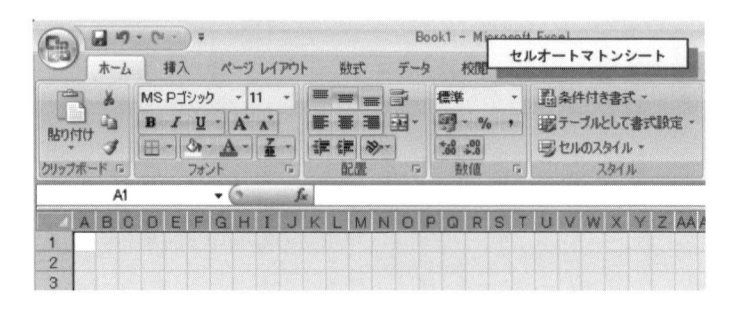

図 9.12 正方格子

「セルオートマトン」シートで使用する領域を設定しましょう．大きさは任意ですが，ここでは A1〜AA34 の範囲としましょう．その領域を選択し，「ホーム」タブにある「塗りつぶしの色」で「アクア...80 % (薄い青)」を選び塗っておきます (図 **9.13**)．横方向の各行が 1 次元のセル空間です．1 行目から 34 行目へと時刻が進んでいくのです．セル空間のパターンは時刻とともに変化しますが，その変化した 1 次元のセル空間を上から下に並べることにするのです．

9.3 Excelでセルオートマトン

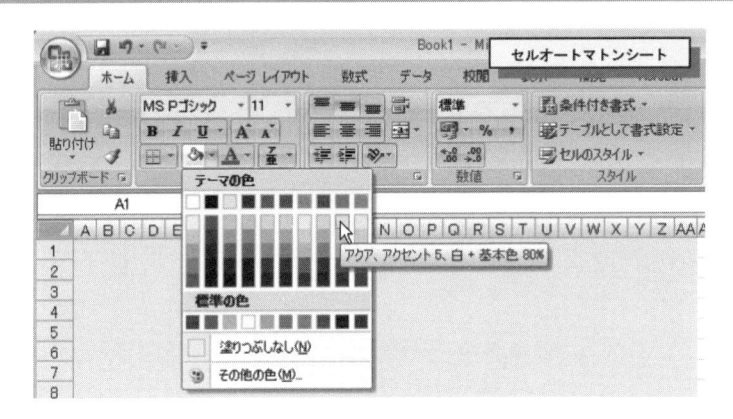

図 9.13 セルの時空間

2 セル空間の端，境界を区別する

A列とAA列は，**境界**で計算するのに使います．左端では，もう一つ左のセルが必要となりますから計算に困ってしまいます．右端も同じです．そこで，左端と右端をつないで円筒のようになった空間を考えましょう．こう考えれば計算に困ることはありません．A列とAA列は特別ですから，灰色に塗っておきます (図 9.14)．

1行目は，時刻0すなわち初期パターンが与えられるセル空間ですから，ここも特別にオレンジ色に塗っておきましょう (図 9.15)．「計算」シートも同じように正方格子となるように整えておきましょう．

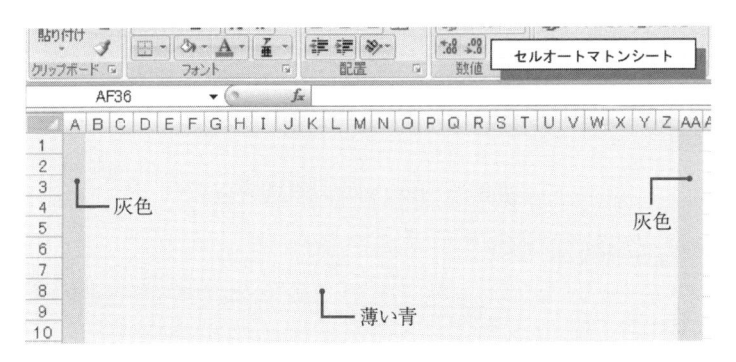

図 9.14 境界を灰色に塗る

第 9 章　貝殻の模様

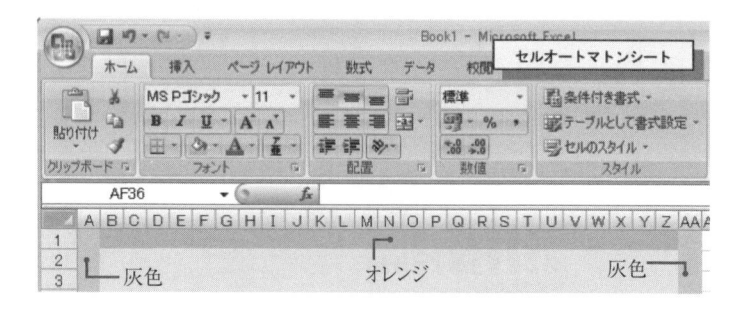

図 9.15　1 行目はオレンジ色に塗る

3　状態を色で表現する

「セルオートマトン」シートの B1〜Z34 の領域には 1 または 0 の値が入りますが，数値だけではパターンがはっきりわかりません．そこで，1 の部分だけ色を塗ることにしましょう．これには「条件付き書式」を利用します．B1〜Z34 の領域を選択し (図 9.16)，「ホーム」タブにある「スタイル」グループの「条件付き書式」

図 9.16　B2〜Z34 の領域を選択

図 9.17　条件付き書式を選択

メニューから「セルの強調表示ルール」→「指定の値に等しい」と進んで (図 5.17)表示されるダイアログボックスで「1」を入力し，書式を「ユーザー設定の書式」とします (図 5.18)．

図 9.18 「指定の値に等しい」の設定

「セルの書式設定」ダイアログボックスが表示されますから「塗りつぶし」タブをクリックして，「濃い青」を指定し OK をクリックしましょう (図 5.19)．さらに「指定の値に等しい」ダイアログボックスで「OK」をクリックします．1列目の適当なセルに 1 を入力してください．そのセルの色が，濃い青に変わりましたか (図 9.20)．

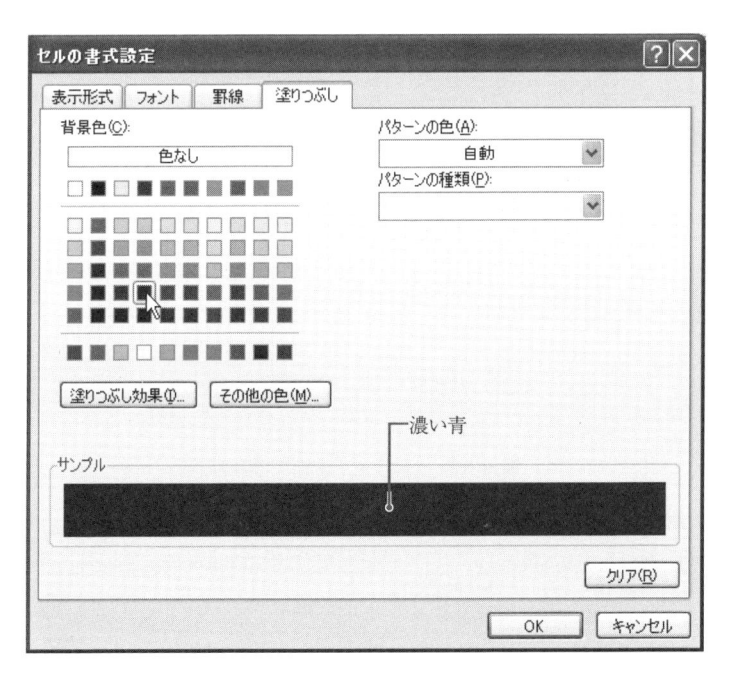

図 9.19 セルの書式設定で濃い青を選択

第 9 章 貝殻の模様

図 9.20 「1」を入力すると濃い青に変わる

4 境界条件を処理する

境界条件の処理をしましょう．前述のように円筒の空間を考えます．A1 をクリックし (図 9.21))，そのセルに「=Z1」と入力します (図 9.22)．同じように，AA1 には「=B1」と入力します (図 9.23)．A1 をクリックして，そのセルの右下のフィルハンドルをマウスで下方向に引っ張って A34 までの範囲にコピーしましょう．AA1 を下方向にコピーすれば AA 列も完成です (図 9.24)．境界における処理がうまく行われているかどうか試してみましょう．Z1 に 1 を入力してください．うまくできていれば，A1 にも 1 が表示されるはずです．うまくいきましたか (図 9.25)．

図 9.21 境界にある A1 セルを選択

図 9.22 そのまま「=Z1」と入力

図 9.23 AA1 セルには「=B1」と入力

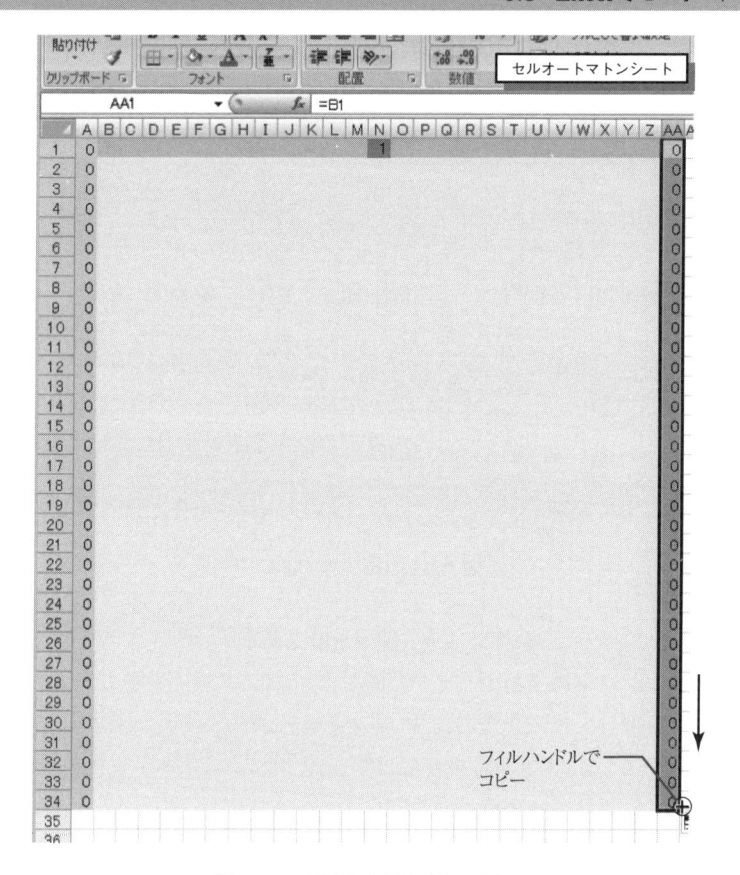

図 9.24　両方とも下方向にコピー

図 9.25　Z1 セルに「1」を入力すると

5　現在の状態がルール表のどこに対応するのかを計算する

「計算」シートを選択してください．B2〜Z34 の範囲をマウスで指定して薄い青を塗っておきます (図 9.26)．B2 をクリックして (図 9.27)，そのセルに

=セルオートマトン!A1*4+セルオートマトン!B1*2+セルオートマトン!C1

第 9 章　貝殻の模様

図 9.26　「計算」シートの B2〜Z34 を選択し，薄い水色に塗る

図 9.27　B2 セルを選択

と入力して ENTER キーを押します (図 **9.28**)．すなわち，B2 のセルには「セルオートマトン」シートの A1, B1, C1 の値を 3 桁の二進数であると見なして，その値を十進数に変換して代入するのです．「セルオートマトン」シートの A1, B1, C1 の値が，たとえば 1, 1, 0 である場合には，

$$1 \times 2^2 + 1 \times 2^1 + 0 \times 2^0 = 6$$

図 9.28　そのまま，計算式を入力

図 9.29　Z2 まで横方向にコピー

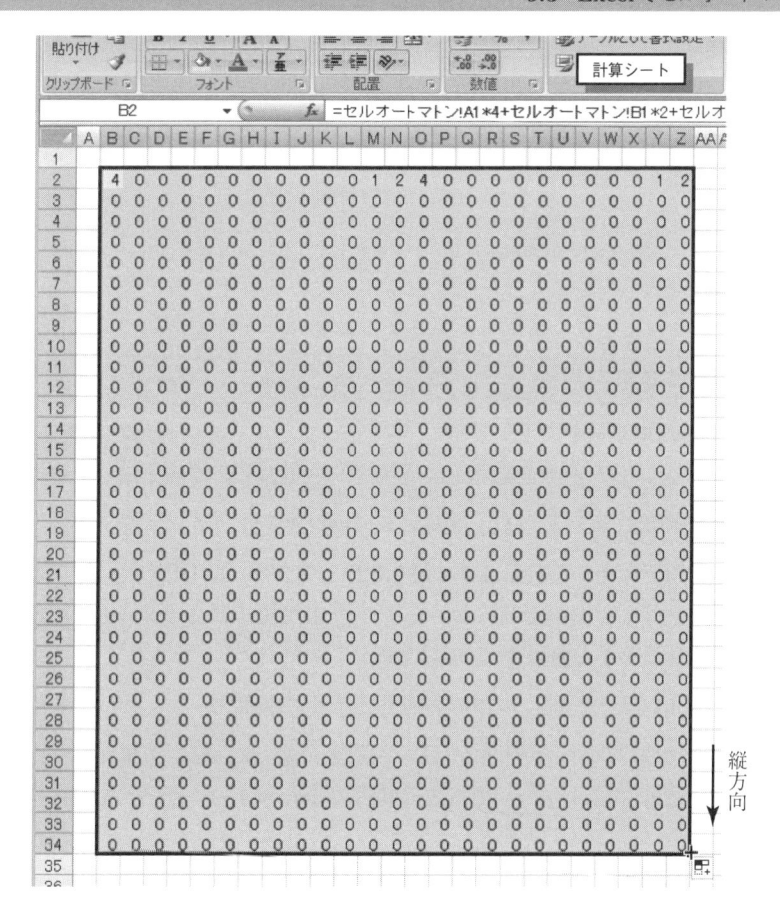

図 9.30 縦方向にコピー

となるのです．B2 をクリックして，そのセルの右下のフィルハンドルをマウスで横方向に引っ張って Z2 までの範囲にコピーしましょう (図 9.29)．さらに下方向に引っ張って Z34 までの範囲にコピーします (図 9.30)．

6 ルール表を作成する

「ルール」シートを選択してください．ここには，ルール表を記入します．A1〜H1 までの範囲がルール表です (図 9.31)．この表は図 9.7 と同じことを意味していますが，「ルール」には図 9.7 の 1 行目は書かないことにします．この表は次のように使います．計算の結果が 0 だったら次の時刻では A1，すなわち，表の 1 番目に書いてある値に変化するのです．計算結果が 1 だったら，次の時刻では B1，すなわち，表の 2 番目に書いてある値に変化するのです．計算の結果は最小で 0，最大で 7 となるでしょう．7 のときには 8 番目 (H1) というわけです．計算の結果より一つ

第 9 章 貝殻の模様

図 9.31 「ルール」シートを選択して，ルールを書き込む

大きい値で表を引くことに注意しておきましょう．

7 ルール表を引く

もう一度，「セルオートマトン」シートに戻って，ルールの適用を考えましょう．「セルオートマトン」シートを選択してください．B2 をクリックして，そのセルに

　　= INDEX(ルール!$A$1:$H$1,1,計算!B2+1)

と入力して ENTER キーを押します (図 9.32)．つまり，INDEX という関数を使って，ルール表を引くと次の時刻におけるセルの値が決まるのです．INDEX の使い方の基本は次のようなものです．

　　　　INDEX(表の範囲，表中の行番号，表中の列番号)

ルールは「ルール」シートの A1〜H1 の範囲に書いてありますから，「ルール!$A$1:$H$1」となります．いつでも表の範囲は変わりませんから，A1:H1 ではなく

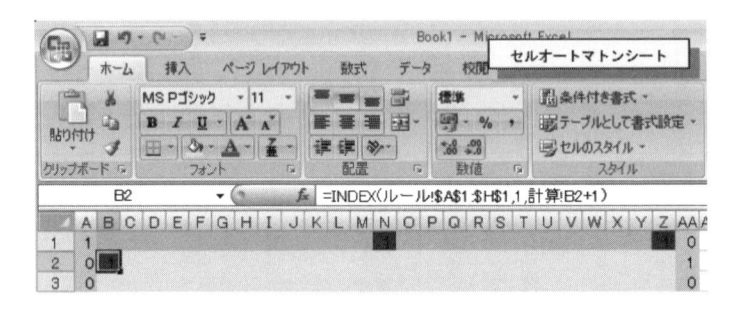

図 9.32 「セルオートマトン」シートで B2 セルをクリックして，ルール表を引く

図 9.33 B1 セルを Z1 セルまで横方向にコピー

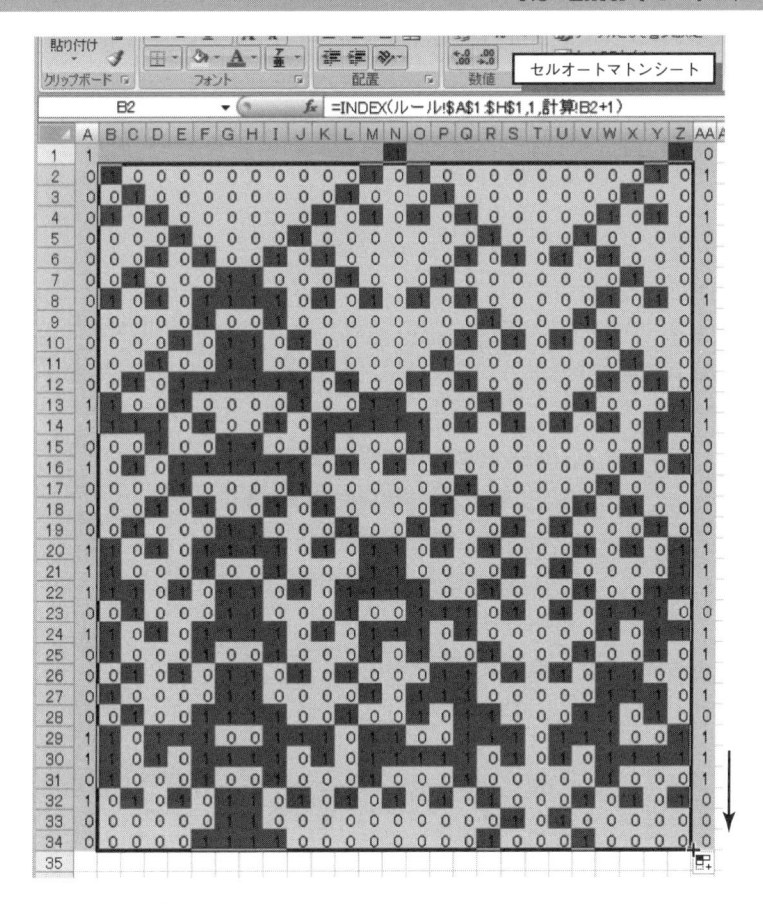

図 9.34 さらに縦方向にコピー

$の記号を付けて絶対参照とすることに注意してください．表中の行番号は常に 1 ですから，「1」となります．列番号は，「計算」シートの B2 の値に 1 を加えなければなりません．したがって，「計算!B2+1」となるわけです．B2 のセルができたら，後はそれを全体にコピーすればいいですね．B2 のフィルハンドルを横方向に引っ張って，Z2 までコピーしましょう (図 9.33)．さらにフィルハンドルを引っ張って Z34 までコピーします (図 9.34)．これで完成です．

「セルオートマトン」シートの一行目にある初期パターンを変更したり，「ルール」シートに書かれたルールを変更したりしてみてください (図 9.35)．さまざまなパターンが描かれるでしょう (図 9.36)．

第 9 章　貝殻の模様

図 9.35　ルールを変更してみる

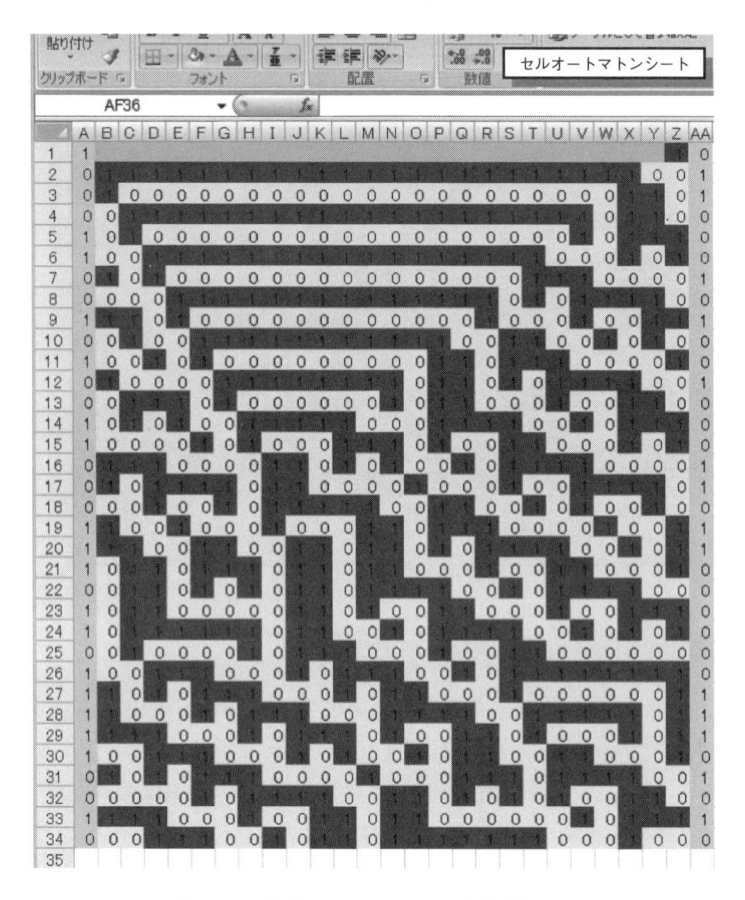

図 9.36　初期パターンやルールを変更すると

8　データを保存して終了

最後に保存をしてから，終了しましょう．左上の「Office」ボタンをクリックし，「名前を付けて保存」のメニューにある「Excel ブック」を選択します．表示される「名前を付けて保存」ダイアログボックスでファイル名を「セルオートマトン」な

どとして「保存」をクリックします．Excel 2010 では，「ファイル」タブからはじめます．

> **この章のポイント**
> - ウルフラムのセルオートマトンを知る
> - ルールを表にまとめる
> - 表を参照して状態を更新する
> - ルールによって，複雑な現象が発生することを知る

演習問題 9

9.1 セルのサイズを小さくして，列数と行数を増やしてみましょう．

9.2 次のルールと適当な初期配置で生成されるパターンを試してみましょう．

000	001	010	011	100	101	110	111
0	1	0	1	1	0	1	0

9.3 次のルールと適当な初期配置で生成されるパターンを試してみましょう．

000	001	010	011	100	101	110	111
0	1	1	1	1	0	1	0

9.4 次のルールと適当な初期配置で生成されるパターンを試してみましょう．

000	001	010	011	100	101	110	111
1	0	1	1	0	1	0	0

9.5 次のルールと適当な初期配置で生成されるパターンを試してみましょう．

000	001	010	011	100	101	110	111
0	0	1	0	1	0	0	0

9.6 次のルールと適当な初期配置で生成されるパターンを試してみましょう．

000	001	010	011	100	101	110	111
0	0	1	1	0	1	0	0

9.7 その他のルールをいろいろ試してみましょう．生成されるパターンはその性質によりいくつかに分類できるのではないでしょうか．たとえば四つに分類できますか．

第10章 ライフゲーム

ライフゲームとよばれるセルオートマトンの一種を楽しみながら，相互作用の生みだすさまざまなパターンを観察してみましょう．

10.1 ライフゲームとは

ライフゲームは，数学者コンウェイ (John Conwey) によって 1970 年に発表されました．しかし，いわゆる「ゲーム」ではありません．したがって，プレーヤーはいませんし，勝ち負けもありません．初期配置が与えられると，後はルールによってすべてが決まってしまいます．その後に起こるすべてが初期配置とルールによって決まるのです．ルールはとても単純ですが，驚くほど面白いものです．

10.2 ライフゲームのルール

ライフゲームは二次元の**正方格子**上で動作します．一つ一つの正方格子をセルとよびます．各セルは「生」または「死」という状態をもっています．生の状態にあるセルを値 1 で表現し，そのセルを色で塗ることにしましょう．死の状態にあるセルの値は 0 で色は塗りません．各セルには**近傍**とよばれる領域があります．ライフゲームの近傍というのは隣接する八つのセルのことです．このような近傍を**ムーア近傍**[1]といいます．ルールを適用するには各セルの近傍に，生の状態にあるセルがいくつあるかを数えます．次の時刻に起こることはこの数に依存します．

＜ルール 1 ＞ 誕生

死の状態にあるセルは，その近傍に生の状態にあるセルが三つだけ存在するなら，次の時刻に生の状態となる．

図 **10.1**～**10.2** の場合，中央のセルが次の時刻で生の状態となります．次の時刻で周囲の八つのセルをグレーとしているのは，中央のセルの状態のみが決定し，周

---

[1] 上下左右の四つの近傍は**ノイマン近傍**と呼ばれる．

囲のセルはまたその周囲を調べないと決定できないからです.

図 10.1

図 10.2

<ルール 2> 生き残り

　生の状態にあるセルは，二つまたは三つの生の状態にあるセルに隣接していたなら，次の時刻においても生き残る.

図 **10.3**〜**10.5** の場合，中央のセルは次の時刻においても生き残ります.

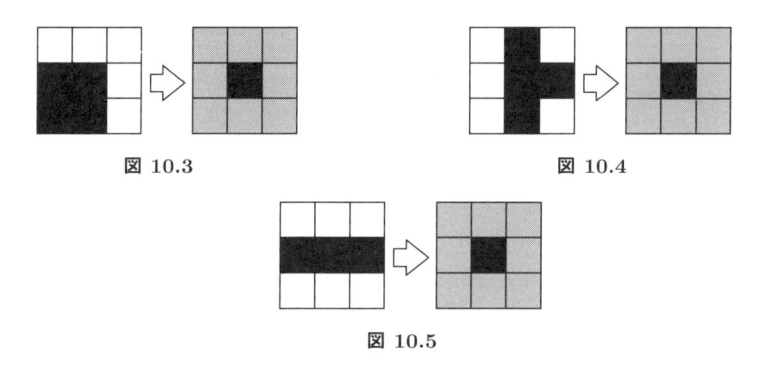

図 10.3

図 10.4

図 10.5

<ルール 3> 死

　その他すべての場合，セルは死ぬか死んだままの状態となる.

図 **10.6**〜**10.7** の場合，中央のセルが次の時刻で死の状態となります．図 **10.8**〜**10.9** では死んだままです.

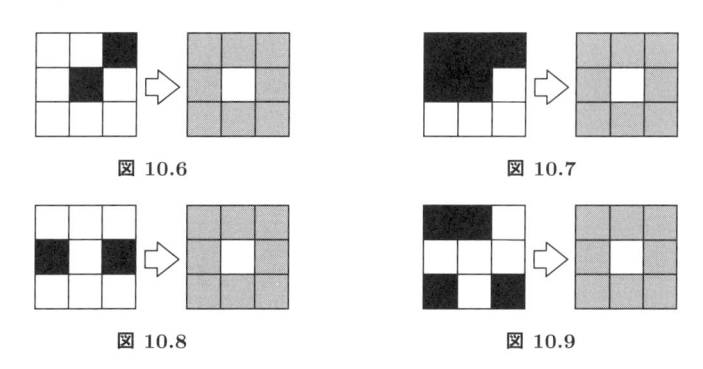

図 10.6

図 10.7

図 10.8

図 10.9

このルールを表にまとめると**表 10.1** のようになります．たとえば図 10.7 を表 10.1 でみると，中央のセルは生の状態にありますから現在値は 1，周りに生の状態

にあるセルが四つありますから隣接するセル値の合計は 4 となります．表 10.1 によると新しいセル値は 0 となります．すなわち，次の時刻で中央のセルは死の状態となるのです．この表を使って，さっそくライフゲームを作ってみましょう．

表 10.1　生死のルール

隣接する八つのセル値の合計	0	1	2	3	4	5	6	7	8
現在値が 0 の場合の新しいセル値	0	0	0	1	0	0	0	0	0
現在値が 1 の場合の新しいセル値	0	0	1	1	0	0	0	0	0

10.3　Excel でライフゲーム

1　Excel の起動と準備

それでは，ライフゲームを作りましょう．Excel を起動してください．まず，新しいシートの名前を変更しましょう．「Sheet1」を右クリックしてメニューから「名前の変更」を選択します．Sheet1 は「シミュレーション」です．同じようにして Sheet2 を「次ステップ」，Sheet3 を「セル値の合計」に変更しましょう．もう 1 枚シートを追加して「ルール」とします (図 10.10)．シートの追加には，4 枚目にある「ワークシートの挿入」タブをクリックします．

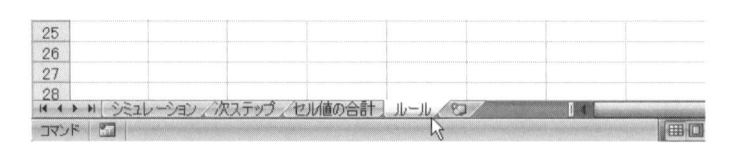

図 10.10　名前を付けて 4 枚のシートを準備

「シミュレーション」シートの A 列をクリックし，そのままドラッグして AD 列までを選択します (図 10.11)．「ホーム」タブにある「セル」グループの「書式」メ

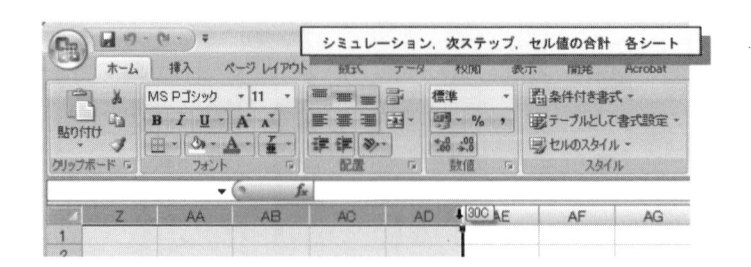

図 10.11　3 枚の各シートで A～AD 列までを選択

10.3 Excel でライフゲーム

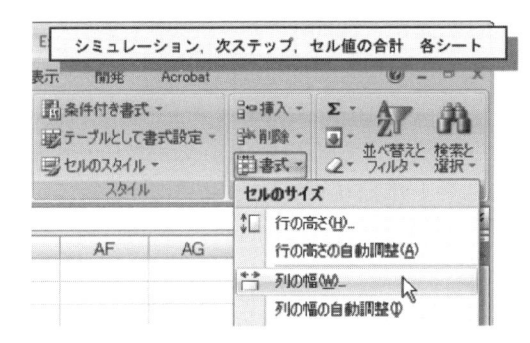

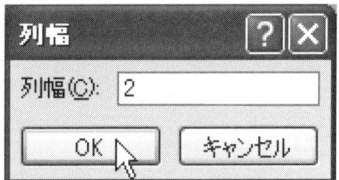

図 10.12 列の幅を選択

図 10.13 列幅を 2 に設定

図 10.14 正方格子

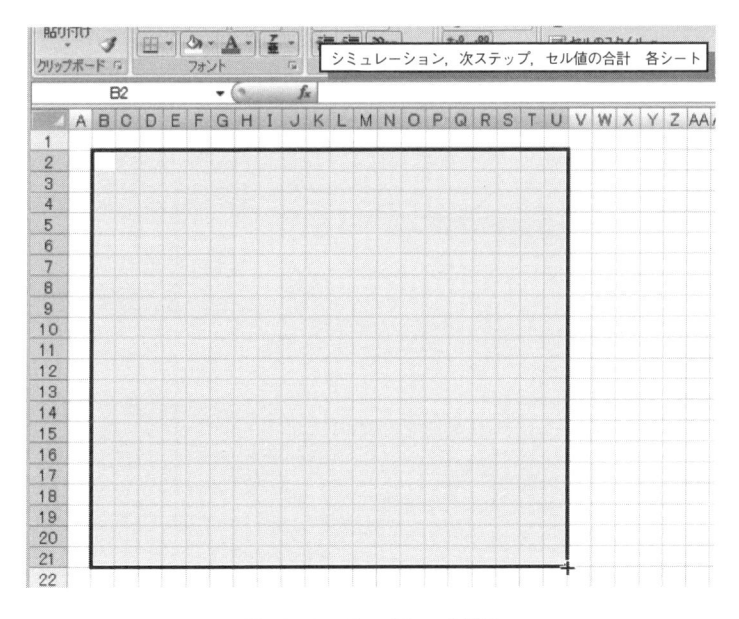

図 10.15 B2〜U21 を選択

第 II 部 ルールを決めてシミュレーション

第 10 章　ライフゲーム

ニューから「列の幅」を選択して (図 10.12) ダイアログボックスで列幅を 2 と入力し，OK をクリックします (図 10.13)．正方格子となります (図 10.14)．

B2 をクリックしたままドラッグして U21 までの領域を選択します (図 10.15)．ツールバーの「罫線」から「外枠太罫線」を設定します (図 10.16)．この外枠太罫線で囲まれた領域をライフゲームの領域とします (図 10.17)．ここまでの作業は「次ステップ」「セル値の合計」シートにもしておきましょう．

図 10.16　「罫線」で「外枠太罫線」を選択

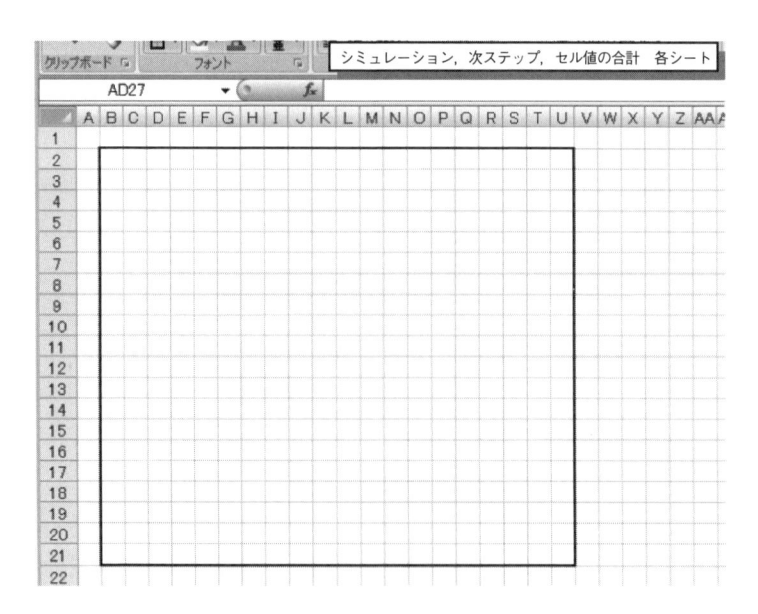

図 10.17　ライフゲームの領域

第 II 部　ルールを決めてシミュレーション

10.3 Excelでライフゲーム

2 色で生死を表現する

　この領域の適当な箇所に1を入力してください (図 **10.18**). 生の状態を表すセルができます. セル値が1の箇所は色を塗って生の状態にあることがわかりやすくなるようにしましょう. ライフゲームの領域全体を選択して,「ホーム」タブにある「スタイル」グループの「条件付き書式」メニューから「セルの強調表示ルール」→「指定の値に等しい」と進んで (図 **10.19**) 表示されるダイアログボックスで「1」を入力し, 書式を「ユーザー設定の書式」とします (図 **10.20**).「セルの書式設定」ダイアログボックスが表示されますから「塗りつぶし」タブをクリックして, 赤色を指定し OK をクリックしましょう (図 **10.21**). さらに「指定の値に等しい」ダイア

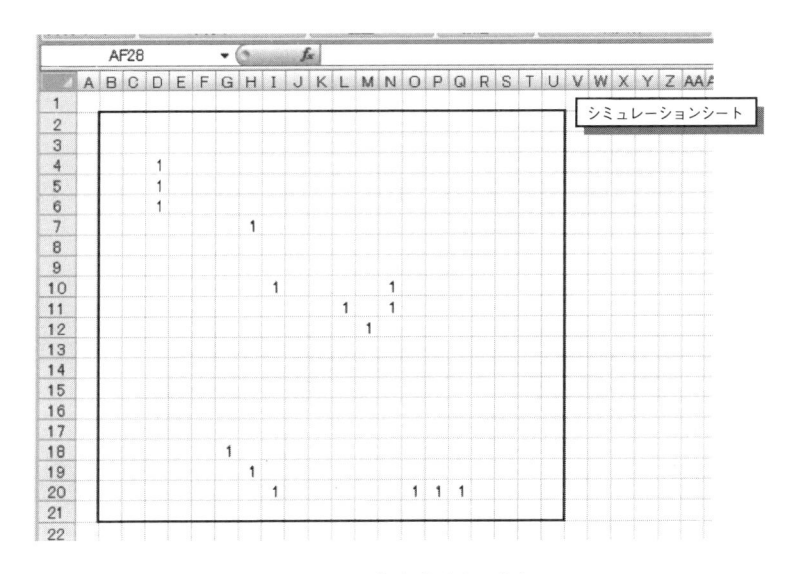

図 10.18　「1」を適当に入力

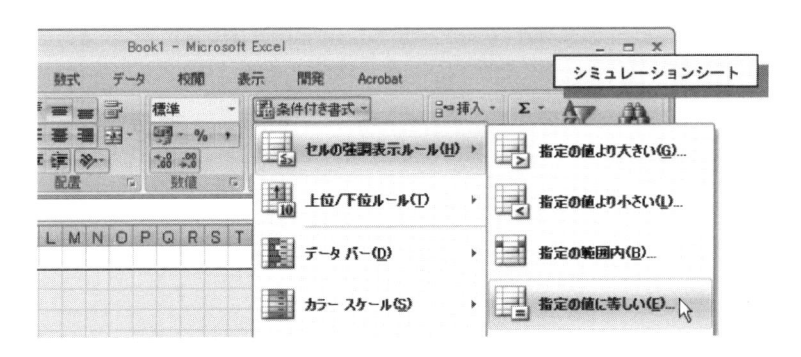

図 10.19　B2〜U21 を選択して, 条件付き書式を選択

第 II 部　ルールを決めてシミュレーション

図 10.20 「指定の値に等しい」の各設定

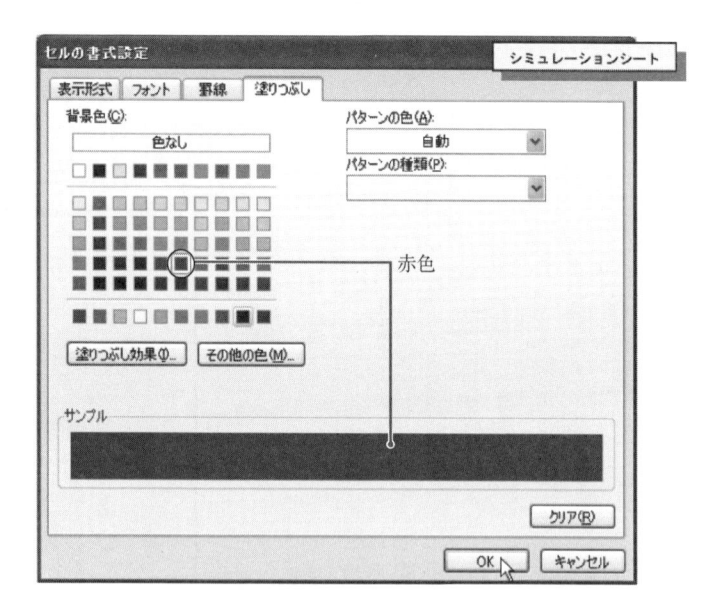

図 10.21 「塗りつぶし」タブをクリックして，赤色を指定

図 10.22 OK をクリック

ログボックスで「OK」をクリックすると (図 10.22)，生の状態にあるセルが赤色になります．

10.3 Excelでライフゲーム

3　境界条件を設定する

　ところで，ルールを適用するときに太枠に接するセルでは，その外側の値が必要になります．(たとえば図 **10.23**) 太枠の外は領域外ですから，本来そこには値がありません．そこで，次のように考えることにしましょう．すなわち，領域の上下の辺を接続して円筒のようになっていると考えるのです．こう考えれば下側の境界のところでルールを適用するときに必要な，そのさらに下側のセルの値は同じ列の一番上の値を使えばいいことになります．その逆もありますね．ついでに，左右の辺も接続すると考えれば領域内のどのセルにおいてもルールを適用することができます．境界におけるこのような条件を**周期境界条件**といいます．これを設定するには，太線の外の左側一列には領域内の右端一列をコピーしておけばいいでしょう．同じように，太線の外の右側一列には領域内の左端一列をコピーします．また，太線の外の上側一列には領域内の下端一列をコピーし，太線の外の下側一列には領域内の上端一列をコピーします．

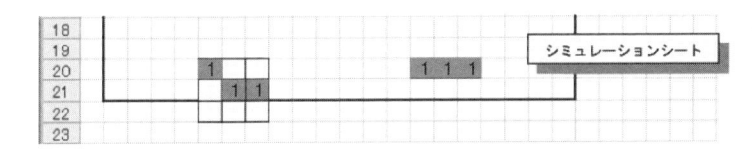

図 **10.23**　境界では外側の値が必要となる

図 **10.24**　A2 セルに「=U2」と入力

　コピーを行うために A2 のセルをクリックして，「=U2」を入力して ENTER キーを押します (図 **10.24**)．もう一度 A2 をクリックして，そのセルの右下のフィルハンドルにポインタを重ねるとポインタが「+」に変わります．「+」をクリックして A21 までドラッグします (図 **10.25**)．A1 のセルをクリックして，「=A21」を入力して ENTER キーを押します (図 **10.26**)．もう一度 A1 をクリックして，フィルハンドルを U1 までドラッグします (図 **10.27**)．

　V1 のセルをクリックして，「=B1」を入力して ENTER キーを押します (図 **10.28**)．もう一度 V1 をクリックして，フィルハンドルを V21 までドラッグします (図 **10.29**)．A22 のセルをクリックして，「=A2」を入力して ENTER キーを押します (図 **10.30**)．

第 10 章 ライフゲーム

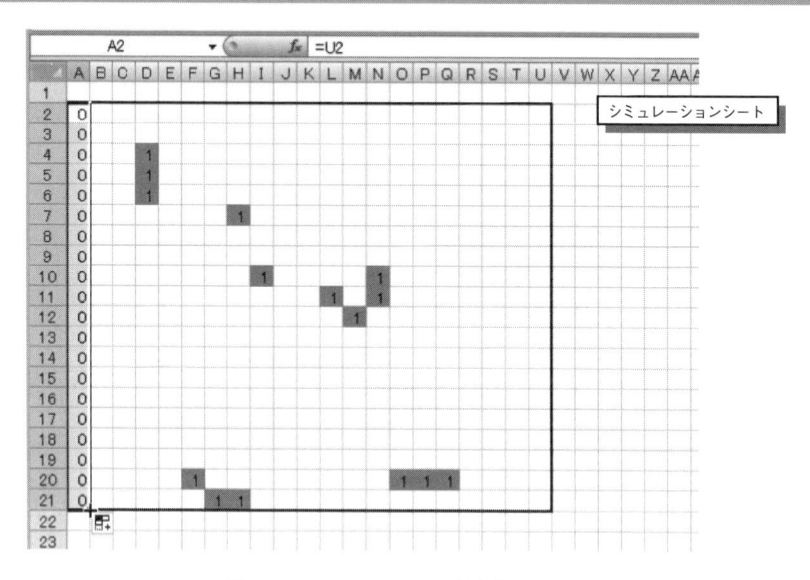

図 10.25 A21 セルまで縦方向にコピー

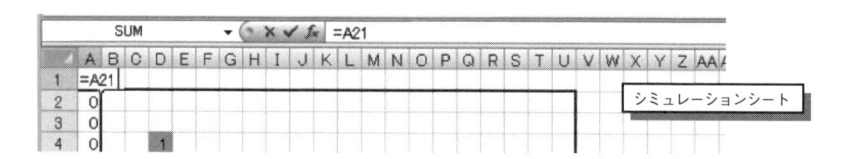

図 10.26 A1 セルに「=A21」と入力

図 10.27 U1 まで横方向にコピー

図 10.28 V1 セルに「=B1」と入力

もう一度 A22 をクリックして，フィルハンドルを V22 までドラッグします (図 10.31). 境界におけるコピーがうまくできているかどうかを試してみましょう. 外

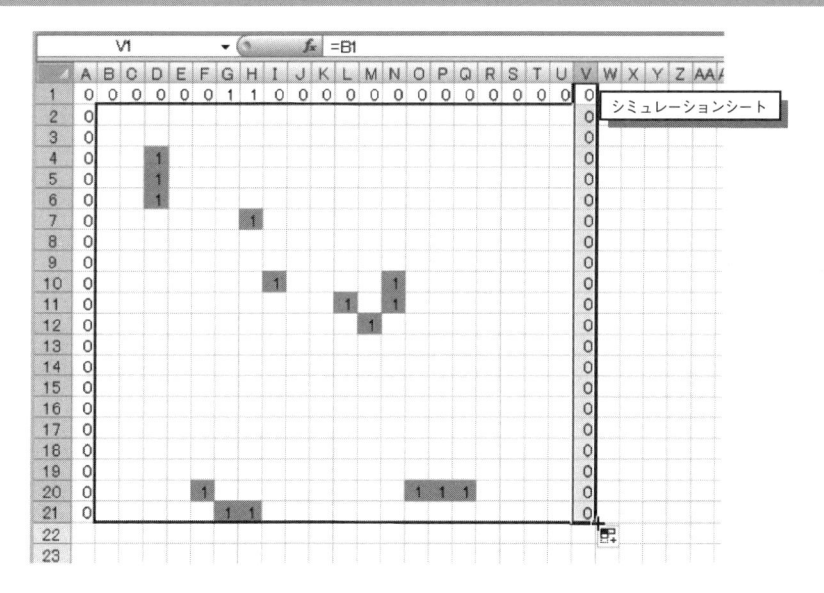

10.3 Excelでライフゲーム

図 10.29　V21 セルまで縦方向にコピー

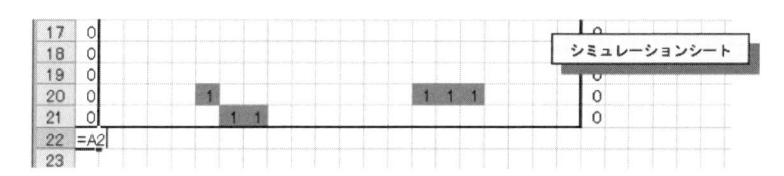

図 10.30　A22 セルに「=A2」と入力

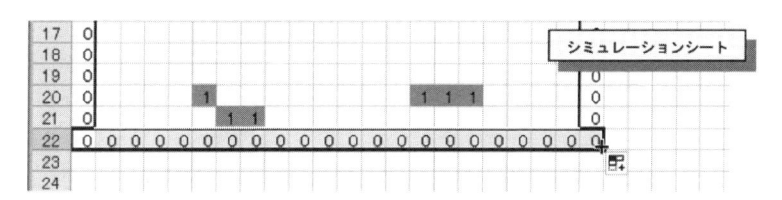

図 10.31　V22 セルまで横方向にコピー

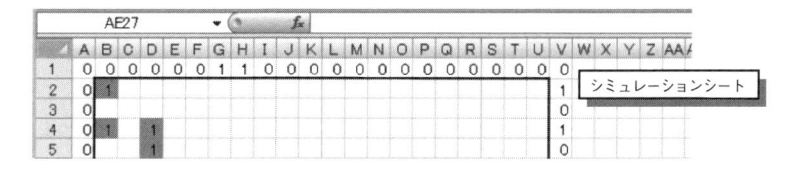

図 10.32　境界に接するセルに「1」を入力すると

枠太線に接するセルに 1 を入力してみます (図 10.32)．対応するセルの値が 1 に変われば成功です．

第 II 部　ルールを決めてシミュレーション

第 10 章 ライフゲーム

4 「生」のセルを数える

次は近傍にある「生」のセルを数えましょう．「セル値の合計」シートをクリックして選択しておきます．「生」のセルを数えるために「COUNTIF」という関数を使いましょう．「COUNTIF」の基本的な使い方は次のようなものです．

　　　　COUNTIF(範囲，条件)

このように書くと，「範囲」で指定した複数のセルの中で，「条件」を満たすセルの数をかぞえてくれます．それでは，B2 のセルの近傍を考えてみましょう．B2 のセルの近傍は A1, B1, C1, C2, C3, B3, A3, A2 ですから，「A1:C3」と指定します．ただし，この指定では B2 も含んでしまうことに注意しましょう．値が 1 のセルを数えるのですから条件は "=1" です．したがって，「セル値の合計」シートの B2 のセルには

　　　=COUNTIF(シミュレーション!A1:C3, "=1") - シミュレーション!B2

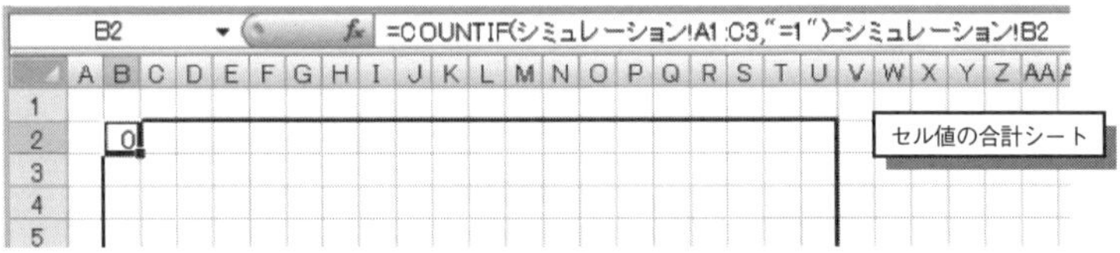

図 10.33 「セル値の合計」シートの B2 セルに計算式を入力

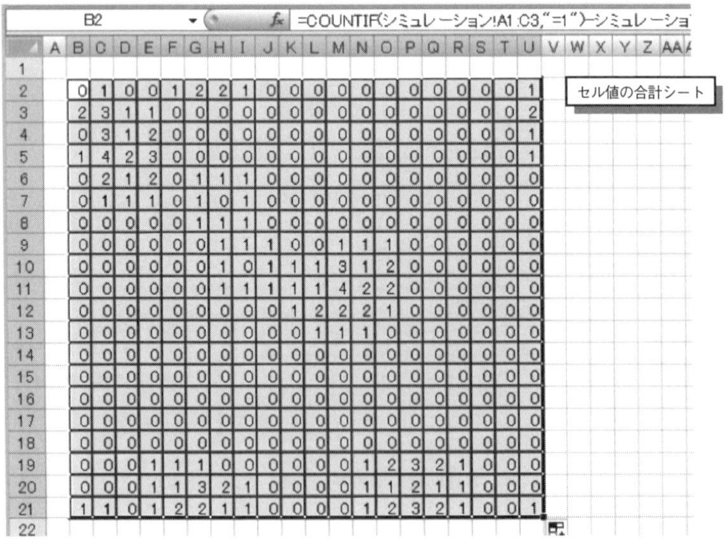

図 10.34 全体にコピー

と書いて，ENTER キーを押します (図 **10.33**)．すなわち「シミュレーション」シートの A1〜C3 の範囲で値が「1」のセルの数を数えて，同じシートの B2 のセルの値を引くのです．領域内の他のセルも同じような処理が必要ですから，B2 セルを領域全体にコピーします．B2 のセルをクリックし，フィルハンドルをドラッグして領域全体にコピーしましょう (図 **10.34**)．

5 ルール表を作成する

次はルールです．「ルール」シートをクリックして選択しておきます．**図 10.35** のようなルール表を書き込みましょう．はじめに説明した表 10.1 そのものです．さて，この表に書かれたルールを適用するには，どのようにしたらいいでしょう．

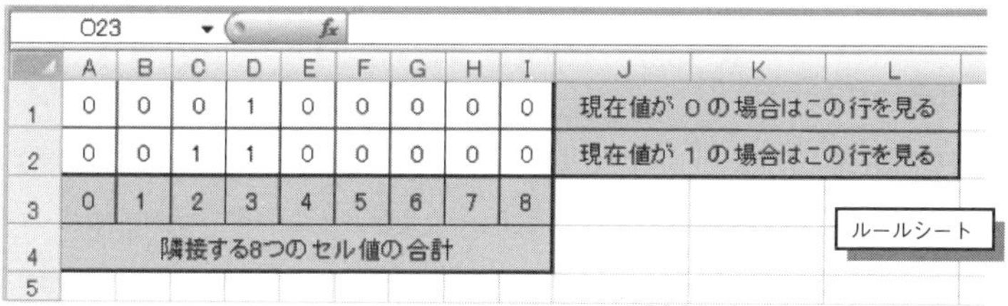

O23

	A	B	C	D	E	F	G	H	I	J	K	L
1	0	0	0	1	0	0	0	0	0	現在値が 0 の場合はこの行を見る		
2	0	0	1	1	0	0	0	0	0	現在値が 1 の場合はこの行を見る		
3	0	1	2	3	4	5	6	7	8			
4	隣接する8つのセル値の合計											
5												

図 10.35 ルール表

6 ルール表を適用する

ルールを適用するということは，表を引くことそのものです．表を引くには `INDEX` という関数を使います．`INDEX` の使い方の基本は次のようなものです．

`INDEX(表の範囲，表中の行番号，表中の列番号)`

「表の範囲」というのは表に付けられた見出しなどを省いた部分のことです．図 10.35 の表では A1〜I2 の範囲ですね．この範囲は，どのセルから表を引く (参照する) ときでも変化しませんから，そのことを明確にしておかなければなりません．これを絶対参照といい，`$A$1`〜`$I$2` というように「`$`」を付けて表現します．「表中の行番号」は現在値が「0」の場合には 1 行目を，また現在値が「1」の場合には 2 行目を参照するのですから，B2 を考える場合には「`シミュレーション!B2+1`」となります．「表中の列番号」は隣接する八つのセルの合計値に関係します．ただし，合計が「0」のときは 1 列目，「1」のときは 2 列目というように参照するのですから，「`セル値の合計!B2+1`」となります．したがって，「次ステップ」シートの B2 のセル (図 **10.36**) には，

```
=INDEX(ルール!$A$1:$I$2, シミュレーション!B2+1, セル値の合計!B2+1)
```

第 10 章　ライフゲーム

図 10.36　「次ステップ」シートの B2 セルに

図 10.37　INDEX 関数を記述する

と入力して ENTER キーを押します (図 10.37)．「次ステップ」シートの領域内の他のセルも，同じような処理が必要ですから，B2 のセルを領域全体にコピーします．B2 のセルをクリックし，フィルハンドルをドラッグして領域全体にコピーしましょう．

7　コマンドボタンを準備する

「開発」タブの「コントロール」グループにある「挿入」メニューから「コマンドボタン (ActiveX コントロール)」を選択します (図 10.38)．「シミュレーション」シートの下のほうでマウスをドラッグしてボタンを二つ貼り付けましょう (図 10.39)．

次に，貼り付けたボタンをそれぞれ選択し，同じ「コントロール」グループにある「プロパティ」を選択します (図 10.40)．ここで，「オブジェクト名」を「更新ボタン」，「Caption」を「更新」と変更してください (図 10.41)．もう一つのボタン

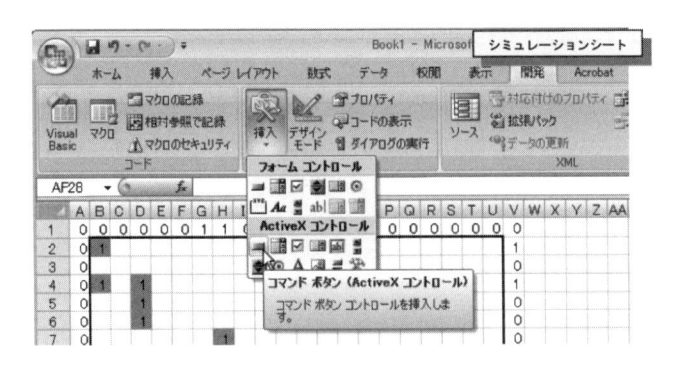

図 10.38　コマンドボタンを選択

156　第 II 部　ルールを決めてシミュレーション

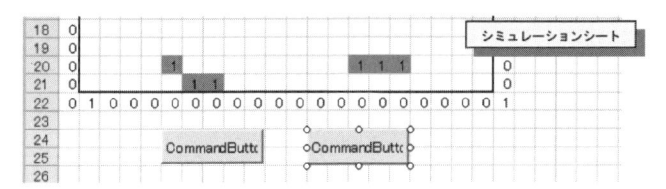

10.3 Excelでライフゲーム

図 10.39 「シミュレーション」シートにボタンを二つ貼り付ける

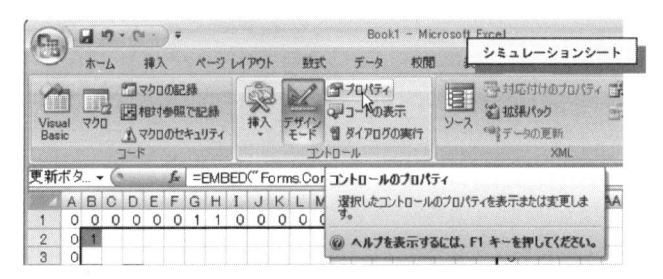

図 10.40 プロパティを選択

図 10.41 「更新ボタン」の設定 △

図 10.42 「クリアボタン」の設定 △

△ 設定したら閉じる.

も同様にして,「オブジェクト名」を「クリアボタン」,「Caption」を「クリア」と変更しましょう(図 **10.42**).

8 ボタンの動作を設定する

ボタンの準備ができたら,次はその中身です.まず,「クリアボタン」からはじめましょう.「クリアボタン」をダブルクリックします(図 **10.43**).Visual Basic Editorに「`Private Sub`」で始まり,「`End Sub`」で終わる2行が表示されます.こ

第10章　ライフゲーム

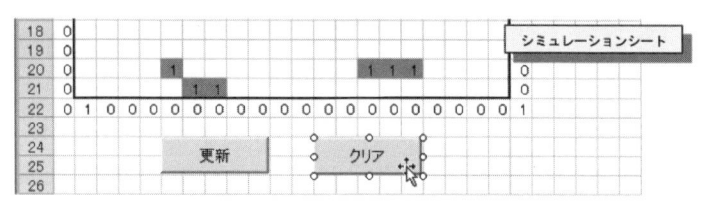

図 10.43　「クリアボタン」をダブルクリック

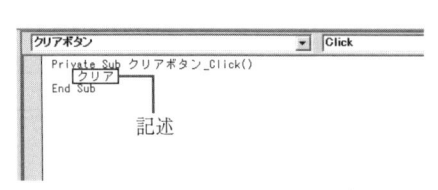

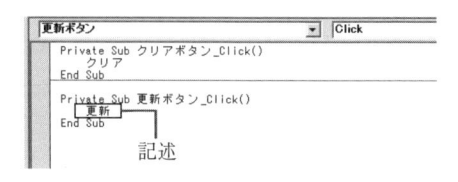

図 10.44　「クリア」と記述 ⚠

図 10.45　「更新」と記述 ⚠

⚠ 設定したら閉じる．

の2行の間に「**クリア**」と書きましょう（図 10.44）．この「**クリア**」はこのボタンがクリックされたとき動作するプログラムの名前です．このプログラムは後で作ることにしましょう．同じようにもう一つの「更新ボタン」もダブルクリックします．「`Private Sub`」で始まり，「`End Sub`」で終わる2行が表示されます．この2行の間に「**更新**」と書きましょう（図 10.45）．もちろん，この「**更新**」はこの「更新ボタン」がクリックされたとき動作するプログラムの名前です．

9　「更新」の中身を作成する

それでは，「更新」というプログラムの中身から作っていくことにしましょう．ところで，これはどのような内容となるでしょうか．もうお気づきの方もいらっしゃると思いますが，シートからシートへのコピーです．「シミュレーション」シートに書かれた現在の値をもとに次の時刻の値が計算され「次ステップ」に書かれていますから，次はこの「次ステップ」シートの値を「シミュレーション」シートにコピーすればいいわけです．これには，「マクロの記録」を利用します．「シミュレーション」シートが選択されていることを確認して「開発」タブにある「コード」グループの「マクロの記録」をクリックしてマクロの記録を開始します（図 10.46）．「マクロの記録」ダイアログボックスでマクロ名を「更新」として OK をクリックします（図 10.47）．ここからの動作がプログラムとして記録されるのです．まず，「次ステップ」シートをクリックします（図 10.48）．

「次ステップ」シートの領域全体を選択して（図 10.49），「ホーム」タブにある

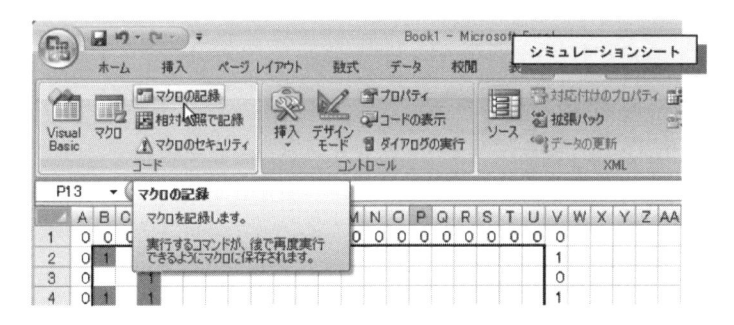

10.3 Excelでライフゲーム

図 10.46 「マクロの記録」を開始

図 10.47 マクロ名を「更新」に変更

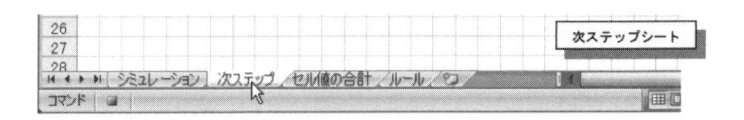

図 10.48 「次ステップ」シートを選択

「クリップボード」グループの「コピー」を使ってコピーします (図 10.50).「シミュレーション」シートに戻り (図 10.51), 領域全体を選択します.

ここで,「ホーム」タブにある「貼り付け」の下の小さな三角形をクリックして, そのメニューから「形式を選択して貼り付け」を選択します (図 10.52). 表示されたダイアログボックスで「値」を選択し「OK」をクリックします (図 10.53). 最後に A1 セルをクリックし, ここでマクロ記録を終了します (図 10.54).

第 II 部　ルールを決めてシミュレーション

第 10 章　ライフゲーム

図 10.49　「次ステップ」シートの領域全体を選択

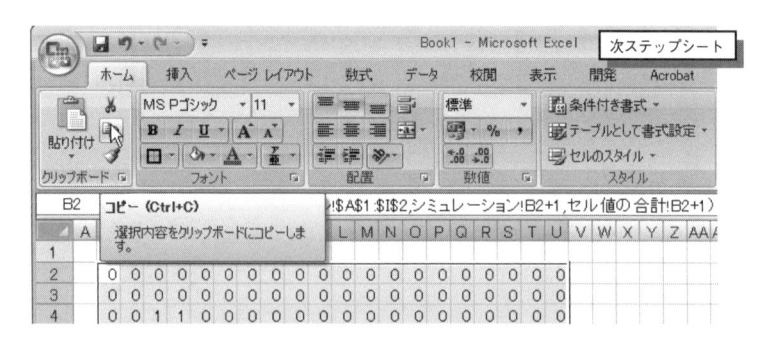

図 10.50　コピー

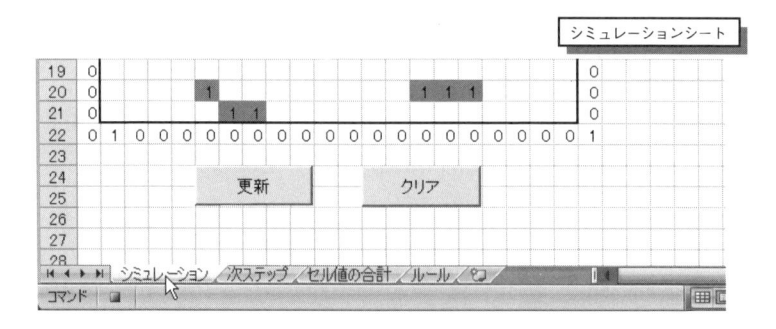

図 10.51　「シミュレーション」シートへ戻る

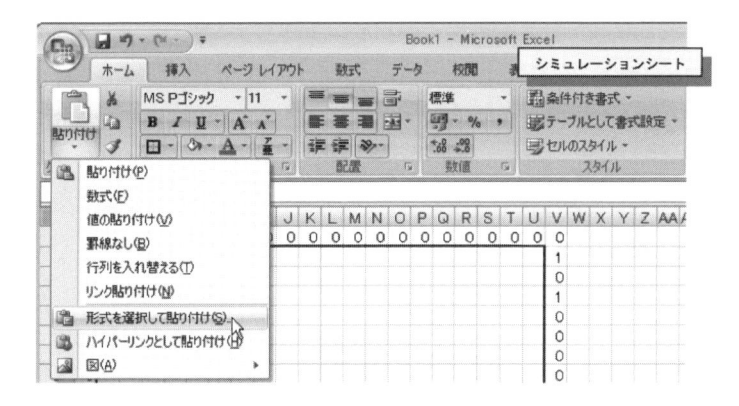

10.3 Excelでライフゲーム

図 10.52 形式を選択して貼り付け

図 10.53 「値」を選んで OK

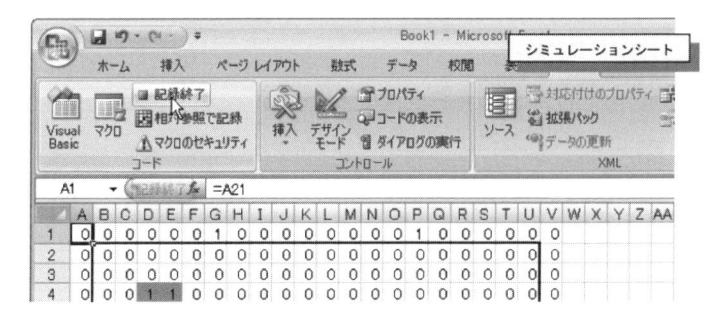

図 10.54 マクロ記録を終了

「開発」タブにある「コントロール」グループの「コードの表示」をクリックしてください (図 10.55)．表示されたプロジェクト・エクスプローラで「標準モジュール」の中の Module1 を開きます (図 10.56)．ここに，「Sub 更新 ( )」というプログラムができています．

これは先ほどの処理の過程を記録したものです．ここでは，これを少し短縮しましょう．図 10.57 のように修正してください．コピーと貼り付けで行います．これで「更新」プログラムの中身が完成です．

図 10.55　コードの表示

図 10.56　標準モジュールの中の Module1 を開く

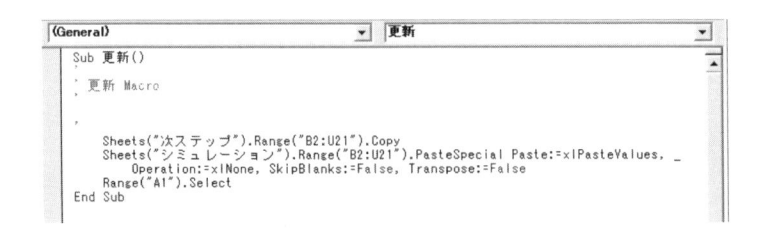

図 10.57　スムーズな表示のために，少し修正する

10 「クリア」の中身を作成する

さて,「クリア」の中身はどうでしょう.これは,「シミュレーション」シートの領域全体を「0」すなわち「死」の状態にリセットするためのものです.それなら,すでにある「更新」プログラムの下に,図 10.58 のように記入してください.

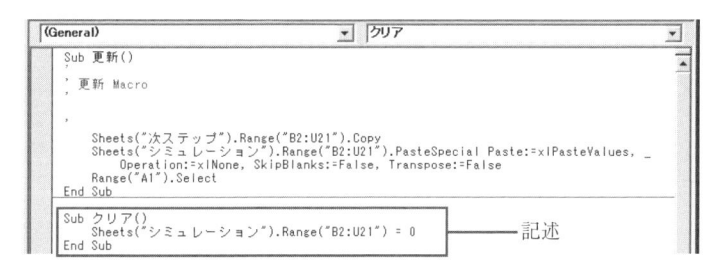

図 10.58 「クリア」の中身を書く ⚠

⚠ 設定したら閉じる.

ここまでが間違いなくできていれば完成です.「デザインモード」を終了しましょう (図 10.59). うまくできたかどうか試してみます. まず,「クリアボタン」をクリックしてリセットしましょう (図 10.60). 次に,適当な場所を「生」の状態としましょう.「1」を入力するわけです (図 10.61).

図 10.59 デザインモードを終了する

「更新ボタン」をクリックしてみます (図 10.62〜10.63). どうでしょう. 表 10.1 に示したルールで変化しましたか.「更新ボタン」を連続してクリックしてみてください. あたかも生物であるかのように, 気まぐれに, あるいは規則正しく動きまわっていませんか.

第10章 ライフゲーム

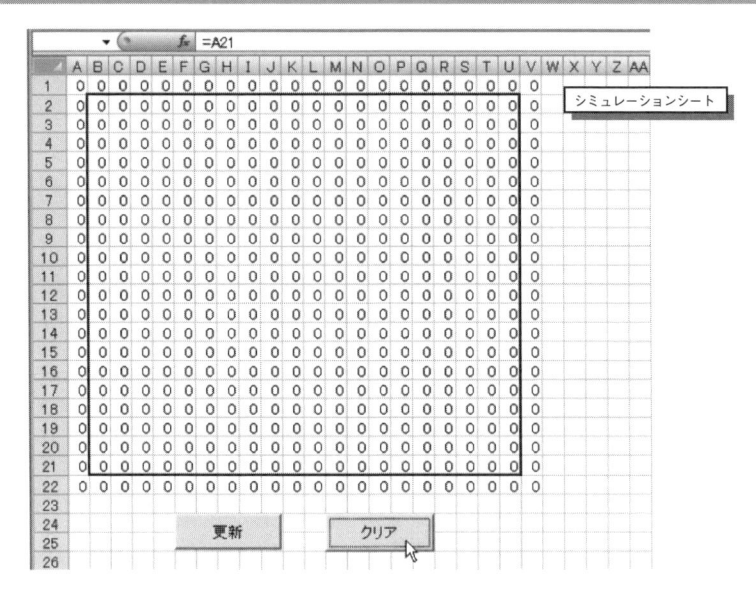

図 10.60 「クリアボタン」を試す

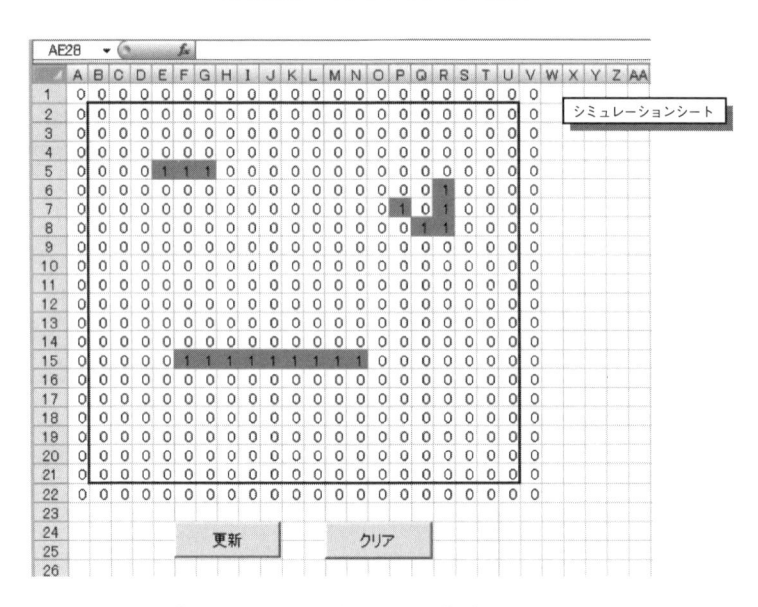

図 10.61 「シミュレーション」シートで「生」の状態を適当に入力する

10.3 Excel でライフゲーム

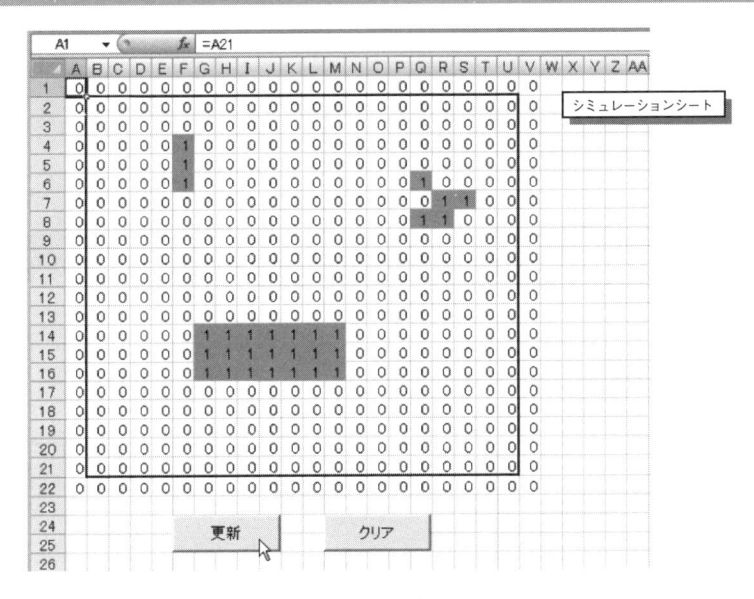

図 10.62 「更新ボタン」をクリックする

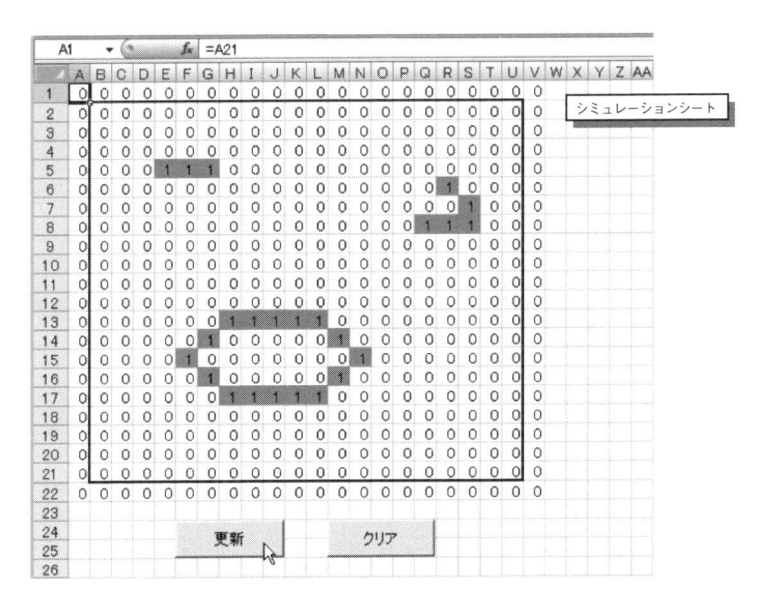

図 10.63 もう一度クリック

11 保存して終了

最後に保存をしてから，終了しましょう．左上の「Office」ボタンをクリックし，「名前を付けて保存」のメニューにある「Excel マクロ有効ブック」を選択します．

表示される「ファイル名を付けて保存」ダイアログボックスでファイル名を「ライフゲーム」などとして「保存」をクリックします．Excel 2010 では，「ファイル」タブからはじめます．

> **この章のポイント**
> ■ ライフゲームを知る
> ■ 生死のルールを表にして表現する
> ■ ルール表を参照して状態を更新する
> ■ 初期パターンの違いによって生じる複雑な動きを観察する

演習問題 10

10.1 初期パターンを次のように設定して，その後の変化を調べましょう．

●●●●●●●

10.2 初期パターンを次のように設定して，その後の変化を調べましょう．

10.3 初期パターンを次のように設定して，その後の変化を調べましょう．

10.4 初期パターンを次のように設定して，その後の変化を調べましょう．

●●●●●●●●●●●

10.5 初期パターンを次のように設定して，その後の変化を調べましょう．

10.6 初期パターンを次のように設定して，その後の変化を調べましょう．

●●●●●

第11章 森林火災

林火災における発火の局所ルールを表にして表現し，森全体に燃え広がる火災の様子をシミュレーションによって観察しましょう．

11.1 森林火災を防ぎたい

　時おり，海外からのニュースなどで大規模な**森林火災**を見かけます．一度火が付くと，懸命な消火活動のかいもなく何日も燃え続け膨大な面積を焼き尽くすことがあるようです．貴重な森林資源を失うだけでなく，人家へ延焼する場合もあり，さらに生態系への影響も大きく，**地球温暖化**を促す要因の一つともみられています．世界的には大きな問題となっています．

　小規模な森林火災が時々起こることが，大規模な森林火災を防ぐことにつながるという話もあります．被害を最小限に抑えるためにはどのように森林を管理したらよいでしょうか．効果的な消火活動とはどのようなものでしょうか．森林火災の広がる割合には，樹の生えている割合が大きな影響を与えることが予想できます．樹が1本も生えていなければ，すなわち0％なら火災は起こりませんし，100％なら全体に燃え広がるでしょう．その間ではどんなことが起こるのでしょうか．ここでは，森林火災の簡単なモデルを作ってシミュレーションを行い，**森林管理**や**消火活動**の手がかりを探りましょう．

11.2 森林火災のモデル

　上空からながめた森林を格子で等間隔に分割したセル空間と考えましょう．この空間には樹木の部分と空地の部分があります．図11.1では樹木は緑色で，空地をベージュ色で表現しています．このまま平穏な日々が続けば森はこのまま変化しないと考えられます．ある日ある箇所から火災が発生したとしましょう．図11.2では火災の発生した箇所を赤色で表現しています．火災は周辺に広がっていくでしょ

第11章 森林火災

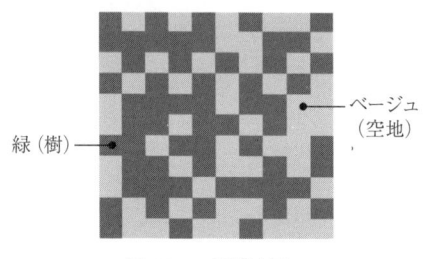

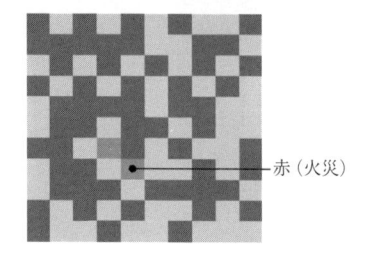

図 11.1 平穏な森　　　　図 11.2 火災の発生

うか．それとも，その箇所だけが焼失して広がらないでしょうか．

ここでは，次のようなシナリオを考えましょう．

1) 空地では発火は起こらない．
2) 樹は，隣接の樹が発火の状態にあるとき，発火の可能性が潜在的に高くなる．
3) 樹は，発火の状態にある樹が周辺に多く存在するとき，発火の可能性が急速に高くなる．
4) 樹は，発火の可能性がある限界を超えると発火する．
5) 発火の状態はある時間を経過すると終了する．

このシナリオを表にして数値で表現してみました (表 11.1)．

表 11.1　森林火災のシナリオ

			近傍にある発火セルの合計数								
			0	1	2	3	4	5	6	7	8	9
注目セルの状態	空地	0	0	0	0	0	0	0	0	0	0	
	樹木	1	1	2	2	2	2	3	3	3	3	
	準備	2	2	3	3	4	4	5	5	5	5	
		3	3	4	4	5	5	5	5	5	5	
		4	4	5	5	5	5	5	5	5	5	
	発火	5	6	6	6	6	6	6	6	6	6
		6	7	7	7	7	7	7	7	7	7
		7	8	8	8	8	8	8	8	8	8
		8	9	9	9	9	9	9	9	9	9
	木灰	9	9	9	9	9	9	9	9	9	

図 11.3 のように森林の空間のある一つのセルと周囲の八つのセルに注目します．この中心にあるセルを注目セルとよびます．その周りの八つのセルを近傍セルとよびます．表 11.1 で各行のいちばん左の値 (グレー) は，注目セルの状態を表しています．0 は空地，1 は樹です．2〜4 は発火の可能性があるいわば準備中の樹です．この可能性が高くなって 4 を超えると発火します．発火の状態には 5〜8 のレベルがあります．発火はこの状態を経過すると終了して灰となります．この状態が 9 です．

各列には 0〜9 までの番号が付いています．これは注目セルと近傍セルの合わせて九つのセルの内で発火の状態にあるセルの数です．たとえば，空地 (0) であれば

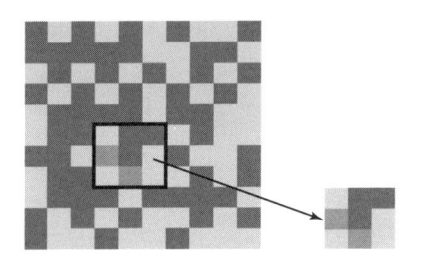

図 11.3 注目セルと近傍セル

近傍セルの状態にかかわらず常に空地であり続けます．したがって，空地の行は全部 0 となります．樹 (1) は，近傍に発火したセルがあるときには発火準備の状態となります．発火したセルが近傍に多ければ，より進んだ準備状態となります．たとえば，樹木の行で近傍に発火セルのない 0 のところは 1，すなわち樹のままです．同じ行で近傍に発火セルが 1〜4 つあるときは発火準備の状態，2 となります．準備状態が進んで 4 となると，次の時刻に発火します．たとえば準備 (4) の行で発火セルが近傍になければ，準備状態のまま 4 ですが，近傍に発火セルがあるときには 5 すなわち発火の状態に変化します．9 はそのまま変化しません．一つ一つのシナリオは非常に単純ですが，セルとセルとの相互作用によって複雑なストーリーが生まれることがあるのです．

11.3 Excel で森林火災のシミュレーション

1 Excel を起動して準備する

いよいよ Excel の出番です．まず，領域の設定から始めましょう．Excel を起動して，Sheet1 の名前を「森林」，Sheet2 の名前を「次ステップの森林」，Sheet3 の名前を「発火セルの合計数」に変更してください (図 11.4)．

4 枚目の「ワークシートの挿入」タブをクリックしてさらにもう一枚のシートを追

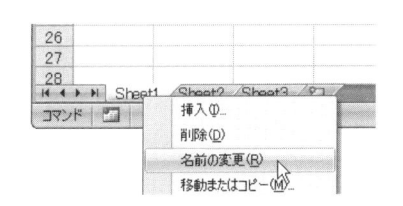

図 11.4　シートの名前を変更する 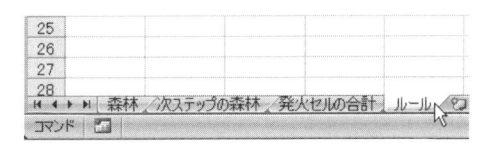　　　図 11.5　4 枚のシートを準備

第 II 部　ルールを決めてシミュレーション

第 11 章 森林火災

加します．追加されたシートの名前は，「ルール」とします (図 11.5)．「森林」「次ステップの森林」「発火セルの合計数」の各シートでは，セルの幅を変更して整えましょう．各シートで A 列をクリックしてそのまま AN 列までドラッグし A〜AN 列を選択しておきます (図 11.6)．「ホーム」タブにある「セル」グループの「書式」メニューで「行の高さ」を選択し (図 11.7)，行の高さに 12 を入力して OK をクリックします (図 11.8)．さらに，同じ「書式」メニューから「列の幅」を選択し (図 11.9)，列幅に 1.5 を入力して OK をクリックします (図 11.10)．

次に「森林」「次ステップの森林」「発火セルの合計数」の各シートで B2〜Z26 を選択し (図 11.11)，「ホーム」タブにある「フォント」グループの「塗りつぶしの色」メニューから「ベージュ」を選択します (図 11.12)．樹は緑色，発火しているところは赤色，鎮火したところは灰色としましょう．この設定は「森林」シートだけで十分です．「森林」シートで「ホーム」タブにある「スタイル」グループの「条件付き書式」メニューから「セルの強調表示ルール」→「指定の範囲内」と選んで (図 11.13)，表示される「指定の範囲内」ダイアログボックスでセルの値が 1 と 4 の間では緑色となるように設定します．

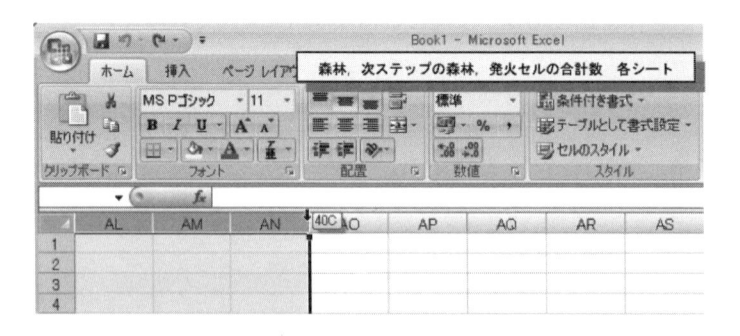

図 11.6 はじめの 3 枚のシートで AA から AN 列を選択

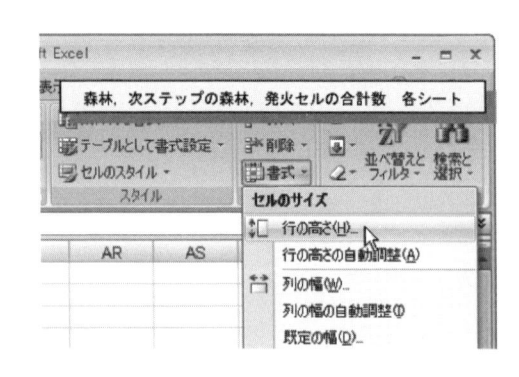

図 11.7 行の高さを選択

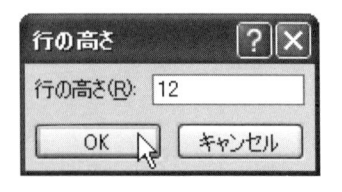

図 11.8 行の高さを 12 と設定

11.3 Excelで森林火災のシミュレーション

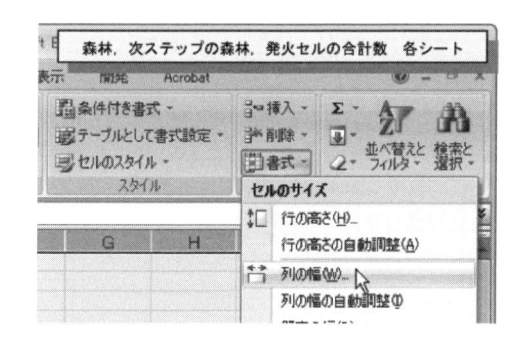

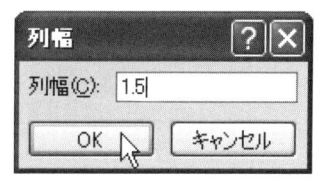

図 11.9 列の幅を選択

図 11.10 列幅を 2 と設定

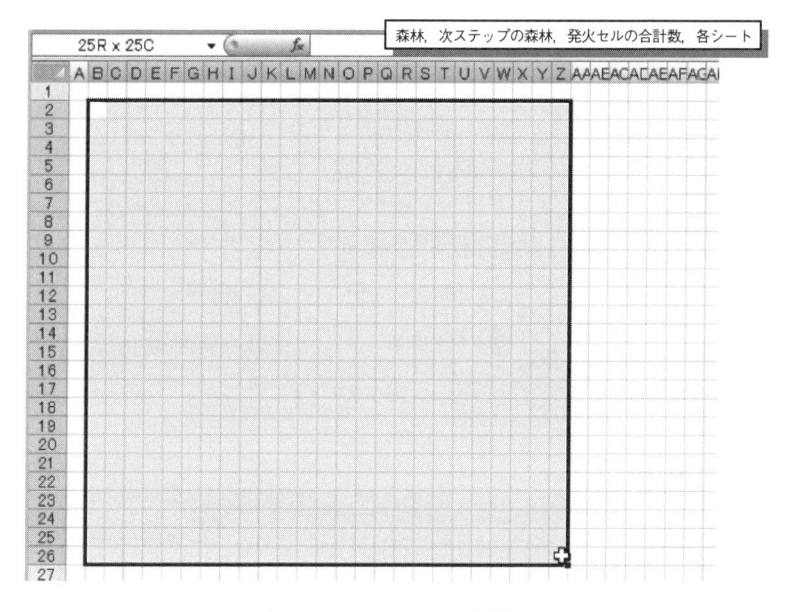

図 11.11 B2〜Z26 を選択

このためには図のように1と4を入力し「ユーザー設定の書式」を選び(図**11.14**),「セルの書式設定」ダイアログボックスの「塗りつぶし」タブをクリックし,「緑色」を選んでOKをクリックします(図**11.15**).同様に5と8の間では赤色となるように設定しましょう(図**11.16**).また9のときには「セルの強調表示ルール」→「指定の値に等しい」と進んで灰色となるように設定します(図**11.17**).設定が終わったら,「森林」シートに樹木を表す1,発火を表す5,鎮火した箇所を表す9を適当なセルに入力してみてください(図**11.18**).

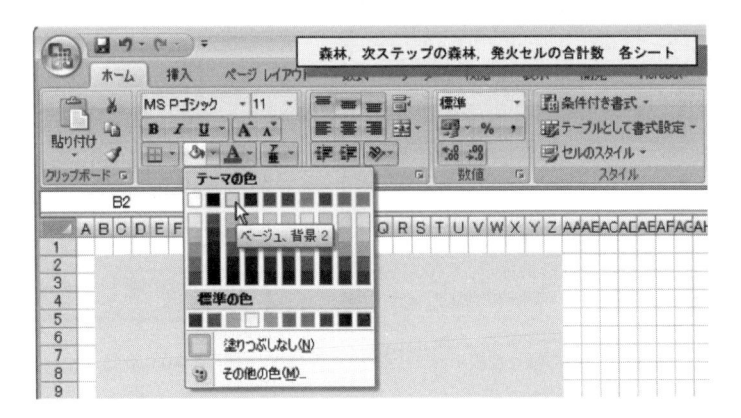

図 11.12　塗りつぶしの色でベージュを選択

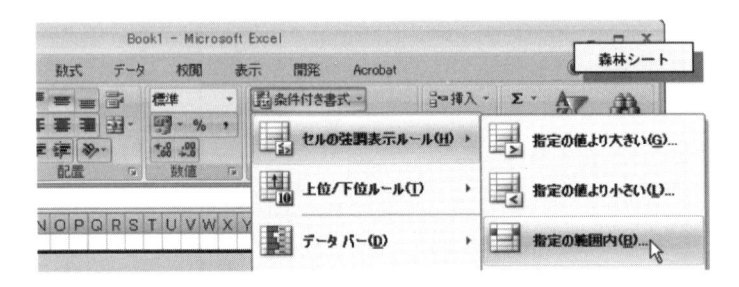

図 11.13　「森林」シートで条件付き書式を選択

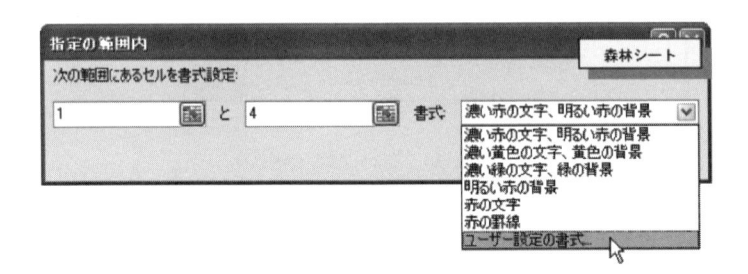

図 11.14　1 と 4 を入力して「ユーザー設定の書式」をクリック

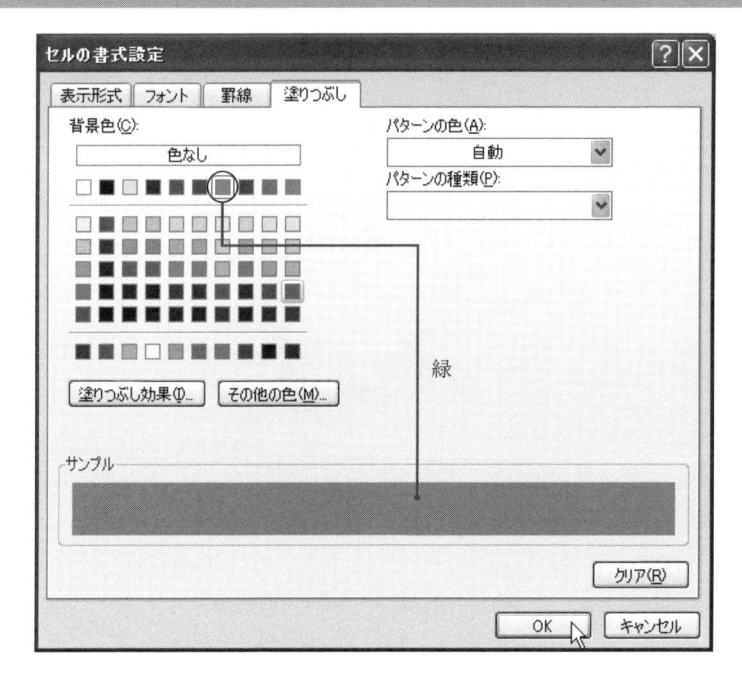

11.3 Excelで森林火災のシミュレーション

図 11.15　緑色を選択して OK

図 11.16　発火の状態を赤に設定

図 11.17　木灰の状態をグレーに設定

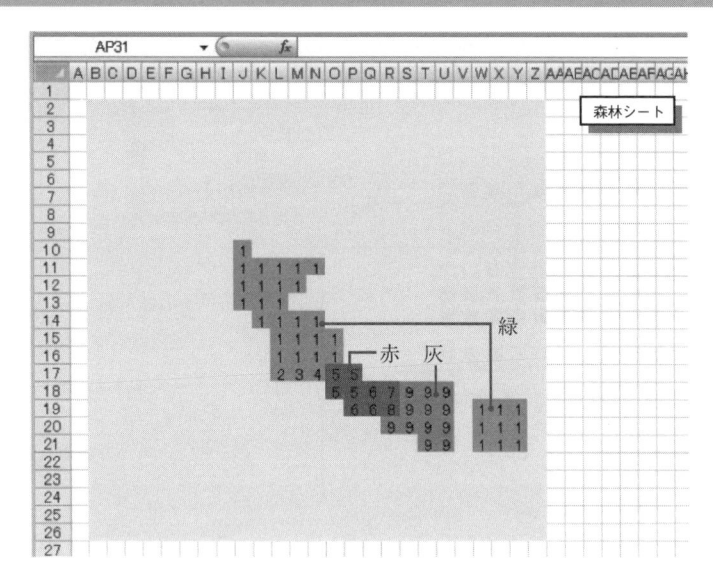

図 11.18　適当に入力してみる

2　ルールを適用するための準備

さて，次はルールを適用するための準備です．すなわち，注目セルとその周辺に発火の状態にあるセルがいくつあるかを数えなければなりません．具体的には5と8の間にあるセルを数えることになります．これにはExcelの関数COUNTIFを使います．まず，一例としてセルB2を考えましょう．図 11.19 の中央がセルB2です．この図にある九つのセルの中にいくつ発火セルがあるのかを数えます．「発火セルの合計数」シートでセルB2を選択し，

図 11.19　B2 セルとその近傍

```
= COUNTIF(森林!A1:C3, ">=5")
```

と入力してENTERキーを押します．これは，「森林」シートのA1〜C3の範囲で，セルの値が5以上となっているセルの数を数えて，「発火セルの合計数」シートのセルB2に入れるという操作を意味しています．ほんとうに知りたい数は，5と8の間にあるセルの数ですから，これでは数えすぎてしまいます．セルの値が8より大きいセルの数を引いていく必要があります．ですから，

```
= COUNTIF(森林!A1:C3, ">=5") -COUNTIF(森林!A1:C3, ">8")
```

11.3 Excelで森林火災のシミュレーション

とすればよいでしょう (図 11.20). 同じ操作をすべてのセルに対して行うには，セル B2 を選択し，右下のフィルハンドルにポインタを合わせて，必要な範囲にドラッグします (図 11.21〜11.23).

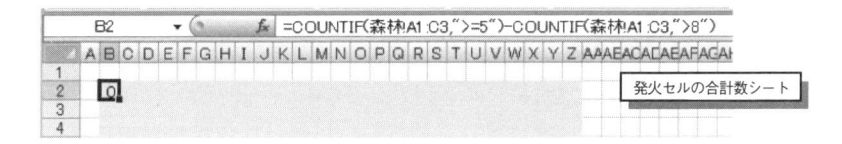

図 11.20 発火セルを数える

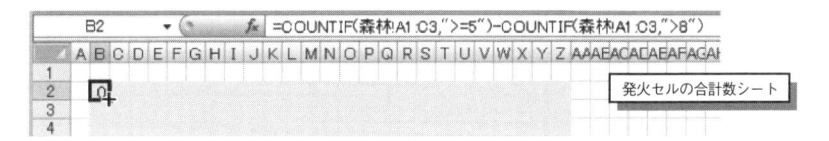

図 11.21 B2 セルの右下にポインタを合わせる

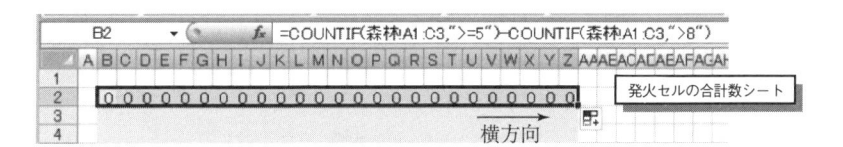

図 11.22 横方向にドラッグしてコピー

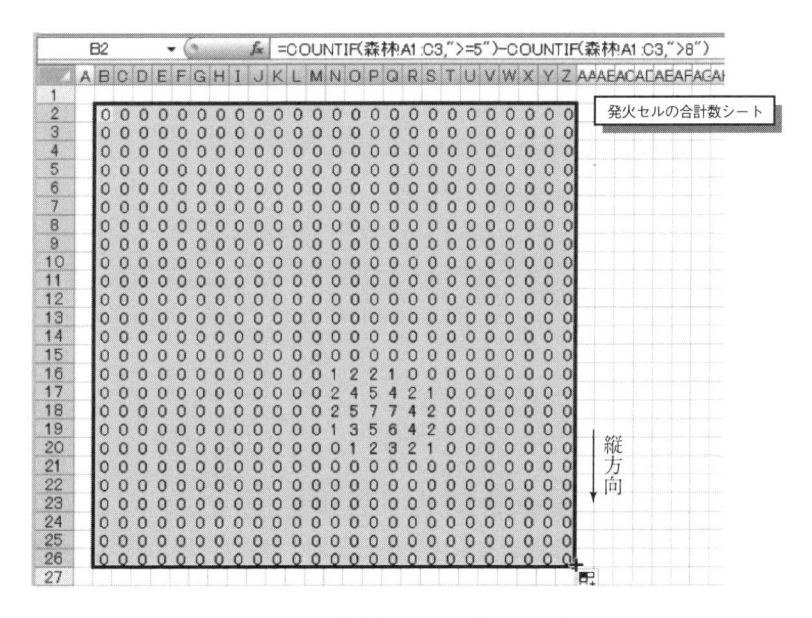

図 11.23 縦方向にドラッグしてコピー

第 II 部　ルールを決めてシミュレーション

第11章 森林火災

3 ルール表の作成と適用

次はルールです．「ルール」シートを選択して図 11.24 のように表を作ります．できあがったら，ルール表を使って「次ステップの森林」で状態の変化を計算しましょう．

図 11.24 ルール表

「次ステップの森林」シートで，B2 セルを選択します (図 11.25)．ここに

=INDEX(ルール!$D$3:$M$12，森林!B2+1，発火セルの合計数!B2+1)

と書きましょう．INDEX 関数は指定された表の範囲内で，行と列を指定してセルの値を取り出すための関数です．

=INDEX(範囲，行番号，列番号)

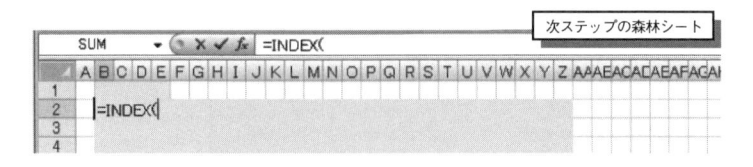

図 11.25 「次ステップの森林」シートで B2 セルを選択

のように書きます．ルール!$D$3:$M$12 で表の範囲を指定します．これは「ルール」シートの D3〜M12 の領域のセルを意味します．行と列のそれぞれに$を付けて絶対参照としています．「森林」シートのセルの値によって行を，「発火セルの合計数」シートのセルの値によって列を指定して次ステップにおける状態を決定します．

11.3 Excelで森林火災のシミュレーション

ただし，この表では「森林」シートの値が 0 で「発火セルの合計数」シートの値が 0 のとき 1 行 1 列を取り出すのですから，行番号も列番号もセルの値に 1 をたさなければならないことに注意してください．そのために，行番号のところは

　　　森林!B2+1

列番号のところは

　　　発火セルの合計数!B2+1

となっています (図 11.26)．「次ステップの森林」シートの B2 が書けたら全体にコピーしましょう．B2 を選んで，右下のフィルハンドルをドラッグして Z2 までコ

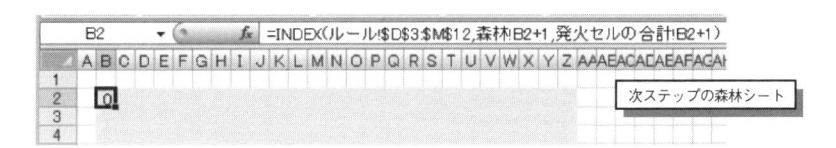

図 11.26　INDEX 関数を入力

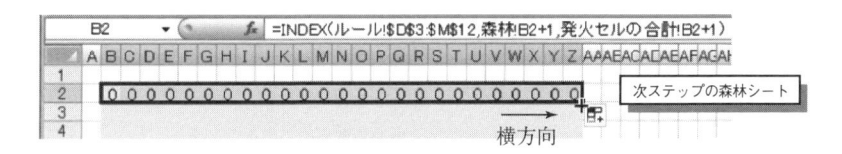

図 11.27　横方向にコピー

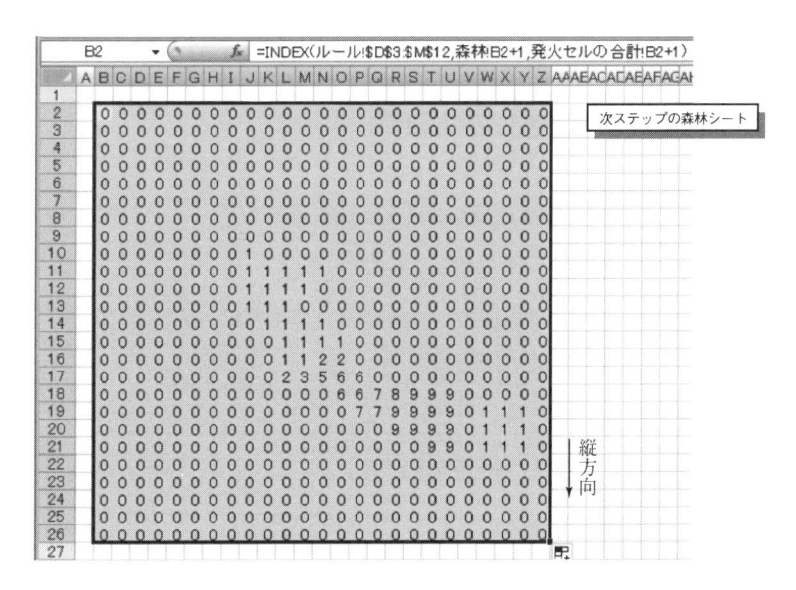

図 11.28　縦方向にコピー

第 II 部　ルールを決めてシミュレーション

ピーし (図 11.27), 次にまたフィルハンドルをドラッグして Z26 までコピーします (図 11.28).

4　コマンドボタンを準備する

準備が整いましたので，シミュレーションを進めていく部分を書きましょう．これには「開発」タブを使います．まず「開発」タブの「コントロール」グループにある「挿入」メニューから「コマンドボタン (ActiveX コントロール)」を選択します (図 11.29)．「森林」シートの適当な位置にボタンを二つ貼り付けましょう (図 11.30)．これには適当な位置でクリックしたままドラッグすればいいのです．

次に，貼り付けたボタンをそれぞれ選択し，同じ「コントロール」グループにあ

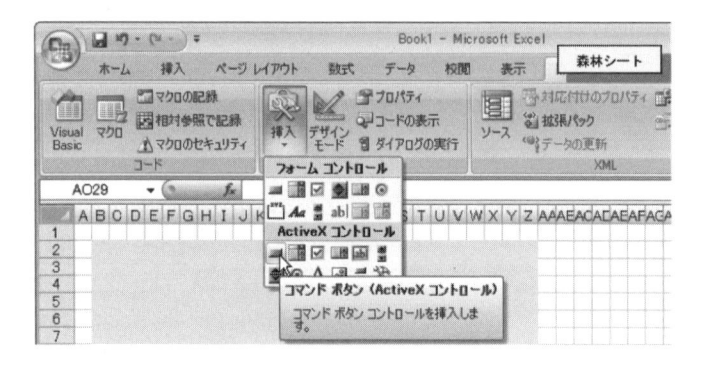

図 11.29　コマンドボタンを選択

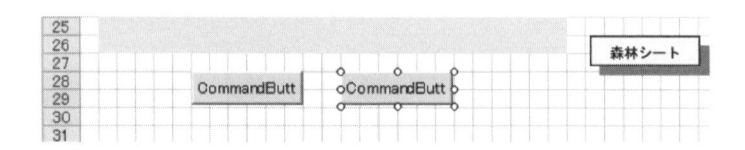

図 11.30　ボタンを二つ貼り付ける

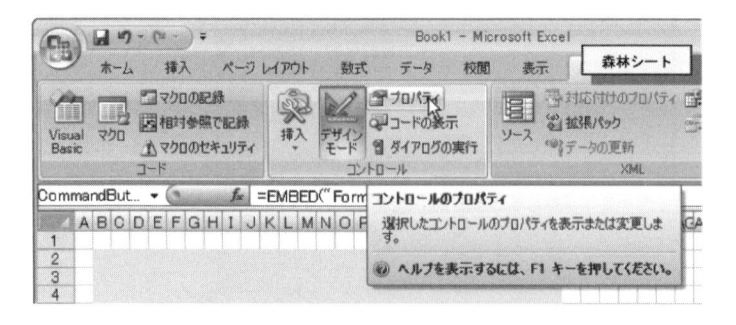

図 11.31　ボタンの上で右クリックして，プロパティを選択

11.3 Excelで森林火災のシミュレーション

る「プロパティ」を選択します (図 11.31). ここで,「オブジェクト名」を「クリアボタン」,「Caption」を「クリア」と変更してください (図 11.32). もう一つのボタンも同様にして,「オブジェクト名」を「更新ボタン」,「Caption」を「更新」と変更しましょう (図 11.33).

図 11.32 「クリアボタン」の設定 △   **図 11.33** 「更新ボタン」の設定 △

△ 設定したら閉じる.

5 マクロ機能を使って中身を書く

それでは,「更新」というプログラムの中身から作っていくことにしましょう. これは,「次ステップの森林」シートから「森林」シートへのコピーです.「森林」シートに書かれた現在の値をもとに次の時刻の値が計算され「次ステップの森林」に書かれていますから, 次はこの「次ステップの森林」シートの値を「森林」シートにコピーすればいいわけです. これには,「マクロの記録」を利用します.「森林」シートが選択されていることを確認して,「開発」タブにある「コード」グループの「マクロの記録」をクリックしてマクロの記録を開始します (図 11.34).「マクロの記録」ダイアログボックスでマクロ名を「更新」として OK をクリックします (図 11.35).

ここからの動作がプログラムとして記録されるのです. まず,「次ステップの森林」シートをクリックします (図 11.36).「次ステップの森林」シートの領域全体を選択して「ホーム」タブにある「クリップボード」グループの「コピー」を使ってコピーします (図 11.37).

第 11 章 森林火災

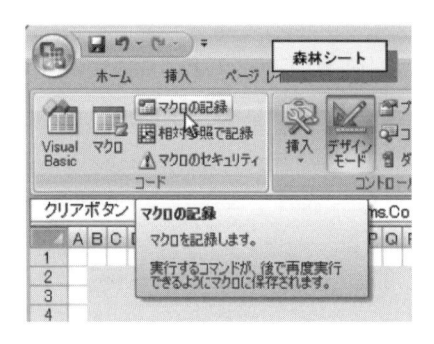

図 11.34 「マクロの記録」の開始

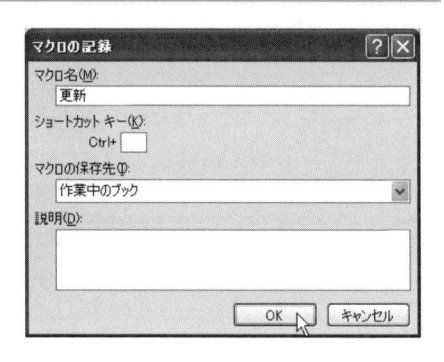

図 11.35 マクロ名を「更新」に変更

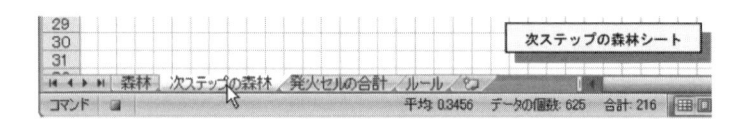

図 11.36 「次ステップの森林」シートを選択

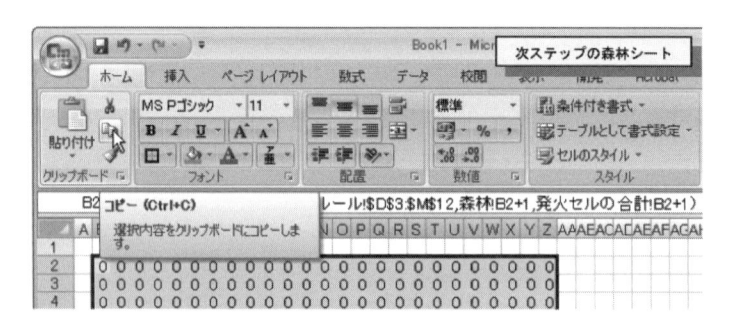

図 11.37 B2～Z26 を選択してコピー

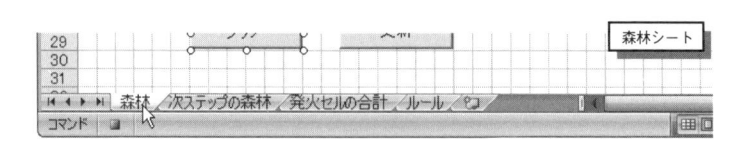

図 11.38 「森林」シートを選択

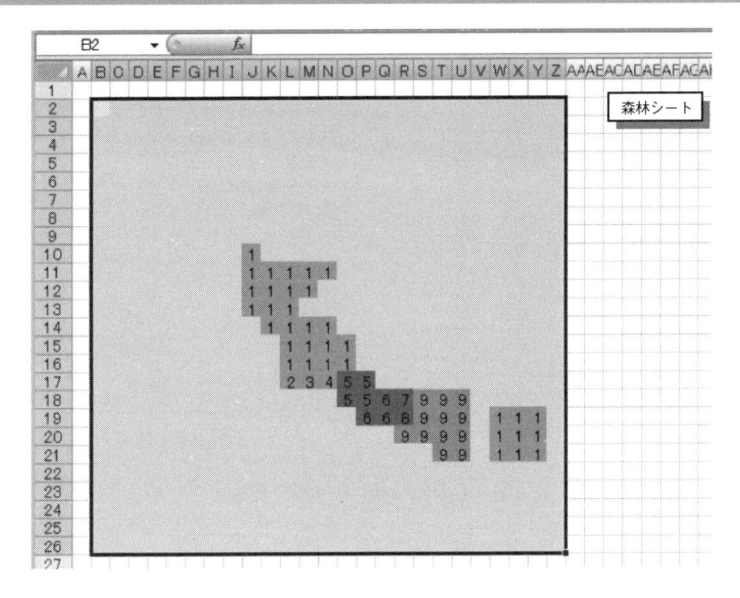

11.3 Excelで森林火災のシミュレーション

図 11.39 B2〜Z26 を選択して

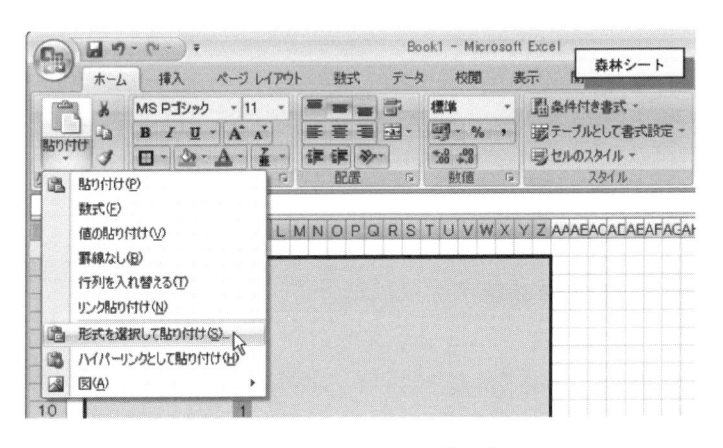

図 11.40 形式を選択して貼り付け

「森林」シートに戻り (図 11.38)，領域全体を選択します (図 11.39)．

ここで，「ホーム」タブにある「貼り付け」の下の小さな三角形をクリックして，そのメニューから「形式を選択して貼り付け」を選択します (図 11.40)．表示されたダイアログボックスで「値」を選択し「OK」をクリックします (図 11.41)．最後に A1 セルをクリックし，ここでマクロ記録を終了します (図 11.42)．

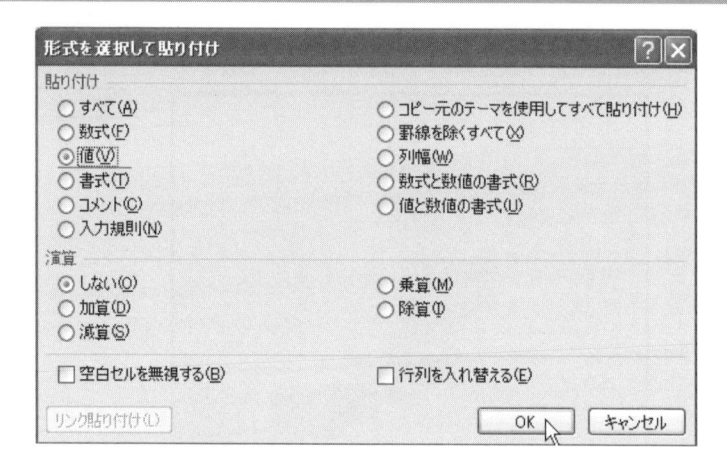

図 11.41 「値」を選んで OK

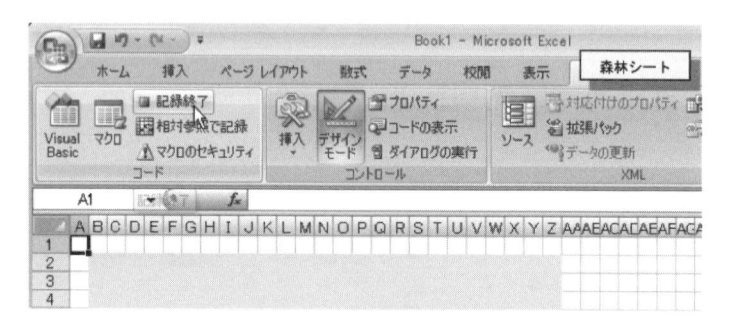

図 11.42 マクロ記録の終了

6 プログラムを少し修正する

「開発」タブにある「コントロール」グループの「コードの表示」をクリックしてください (図 11.43). 表示されたプロジェクト・エクスプローラで「標準モジュール」の中の Module1 を開きます (図 11.44). ここに,「Sub 更新 ( )」というプログラムができています.

これは先ほどの処理の過程を記録したものです. ここでは, もう少しスムーズに動作するようにこれを少し短縮しましょう (図 11.45). 元のマクロ記録 (図 11.44) では 1) まず「次ステップの森林」シートを選びます. 2) 次に B2〜Z26 の範囲を指定しています. 3) 続いて, この範囲をコピーします. 4) 今度は「森林」シートを選びます. 5) 次に B2〜Z26 を指定して, 6) 値のみを貼り付けます. 元のマクロではコピーと貼り付けを六つの動作に分けて行っています. 修正されたマクロ (図 11.45) は 1)「次ステップの森林」の B2〜Z26 の範囲をコピーする. 2)「森林」の B2〜Z26

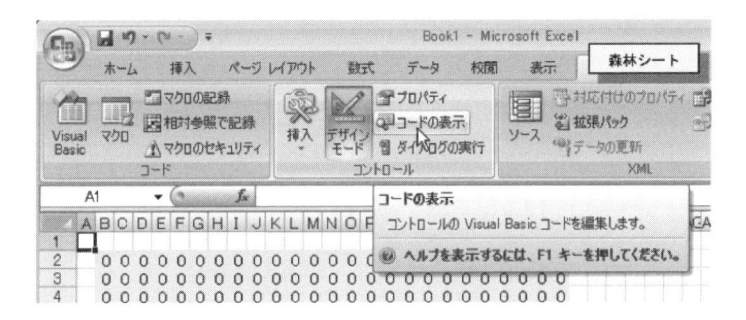

11.3 Excelで森林火災のシミュレーション

図 11.43 コードの表示

図 11.44 Module1 をダブルクリックで開く

```
Sub 更新()
'
' 更新 Macro
'

    Sheets("次ステップの森林").Range("B2:Z26").Copy
    Sheets("森林").Range("B2:Z26").PasteSpecial Paste:=xlPasteValues, _
        Operation:=xlNone, SkipBlanks:=False, Transpose:=False
    Range("A1").Select
End Sub
```

図 11.45 プログラムを少し修正△

△ 設定したら閉じる．

の範囲に値のみを貼り付ける．という二つの動作で行います．

7 コマンドボタンと関連付ける

デザインモードになっていることを確認してください．もし，そうでなかったら「デザインモード」をクリックして切り替えましょう (図 11.46)．「更新ボタン」をダブルクリックしてください (図 11.47)．Visual Basic のウィンドウが開いて，

```
Private Sub 更新ボタン_Click( )
End Sub
```

第 II 部 ルールを決めてシミュレーション

第 11 章 森林火災

図 11.46　デザインモードに切り換える

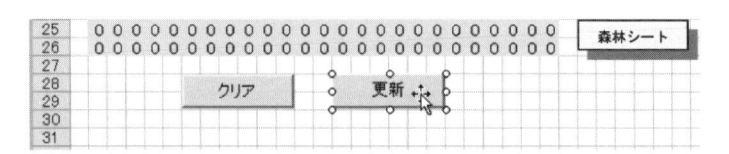

図 11.47　デザインモードを確認して，「更新ボタン」をダブルクリック

図 11.48　「更新」と記述 ⚠

> ⚠ 設定したら閉じる．

と表示されているでしょう．これは「更新ボタン」が押されたときの動作を書く部分です．まだ空白ですから，ここに「更新」と書きます (図 11.48)．「更新」は先ほどマクロ記録を利用して作成した関数です．

「クリアボタン」も同じようにダブルクリックします (図 11.49)．表示される

```
Private Sub クリアボタン_Click( )
End Sub
```

の間に「クリア」と書きます (図 11.50)．「クリア」の中身は後で作成することにしましょう．

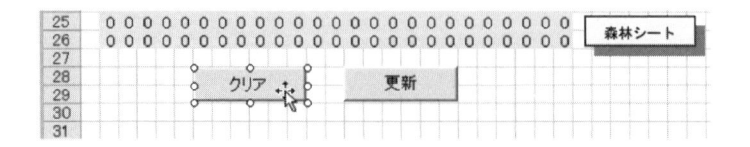

図 11.49　「クリアボタン」をダブルクリック

11.3 Excelで森林火災のシミュレーション

```
クリアボタン                              ▼  Click
    Private Sub クリアボタン_Click()
    クリア         ─── 記述
    End Sub

    Private Sub 更新ボタン_Click()
    更新
    End Sub
```

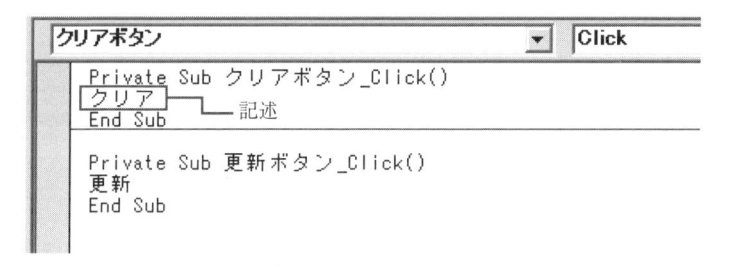

図 11.50　「クリア」と記述

8　クリアプログラムを書く

　クリアプログラムはマクロ記録を使わず自分で書きましょう．Module1 先ほどの「更新」という名前のマクロの End Sub の後に，図 11.51 のように記入しましょう．これは，森林シートのB2～Z26 の範囲を 0 とするプログラムです．これで，「更新」と「クリア」の中身が完成しました．このように Sub で始まり，End で終わるプログラムを関数とよびます．「更新ボタン」が押されるとマクロ記録を利用して作った更新という関数が実行されます．「クリアボタン」が押されると「クリア」という関数が実行されるのです．

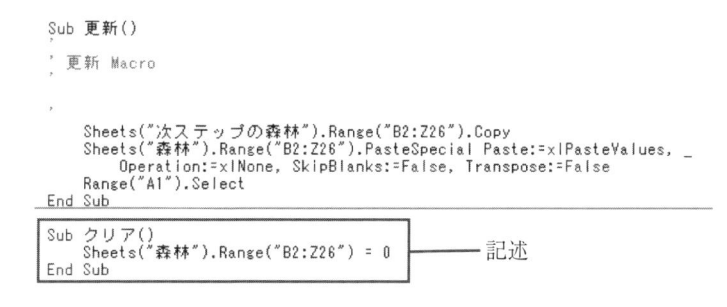

```
Sub 更新()
'
' 更新 Macro
'

    Sheets("次ステップの森林").Range("B2:Z26").Copy
    Sheets("森林").Range("B2:Z26").PasteSpecial Paste:=xlPasteValues, _
        Operation:=xlNone, SkipBlanks:=False, Transpose:=False
    Range("A1").Select
End Sub
Sub クリア()
    Sheets("森林").Range("B2:Z26") = 0       ─── 記述
End Sub
```

図 11.51　クリアプログラム △

> △ 設定したら閉じる．

9　シミュレーションの実行

　プログラムができたら，デザインモードを終了して，ボタンを試してください．まず，「クリアボタン」を押してみます (図 11.52)．すべての値が 0 に変化しましたか．「更新ボタン」を試すために，樹を設定し，その一部に発火の箇所を設定しましょう (図 11.53)．準備ができたら「更新ボタン」を押してみます (図 11.54)．火災が広がっていくでしょう．ここまでできたら完成です．

第 11 章 森林火災

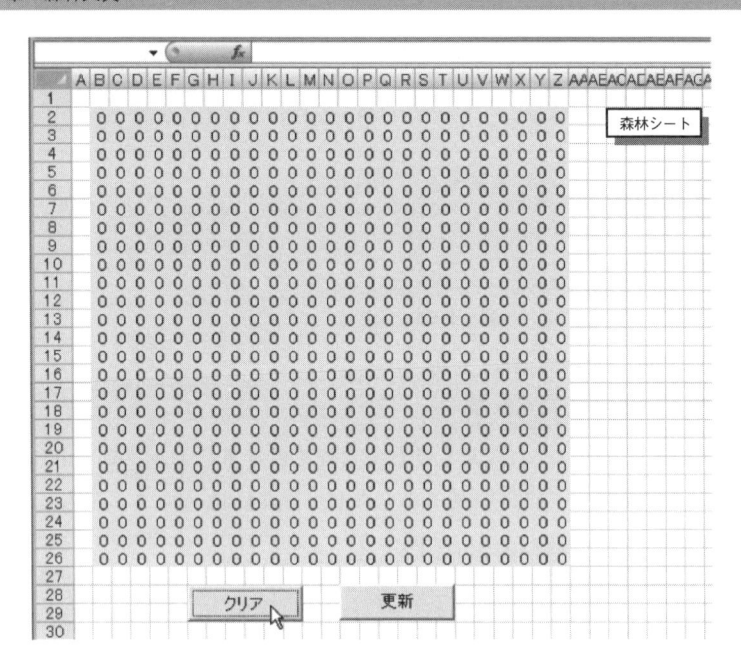

図 11.52 「クリアボタン」を試す

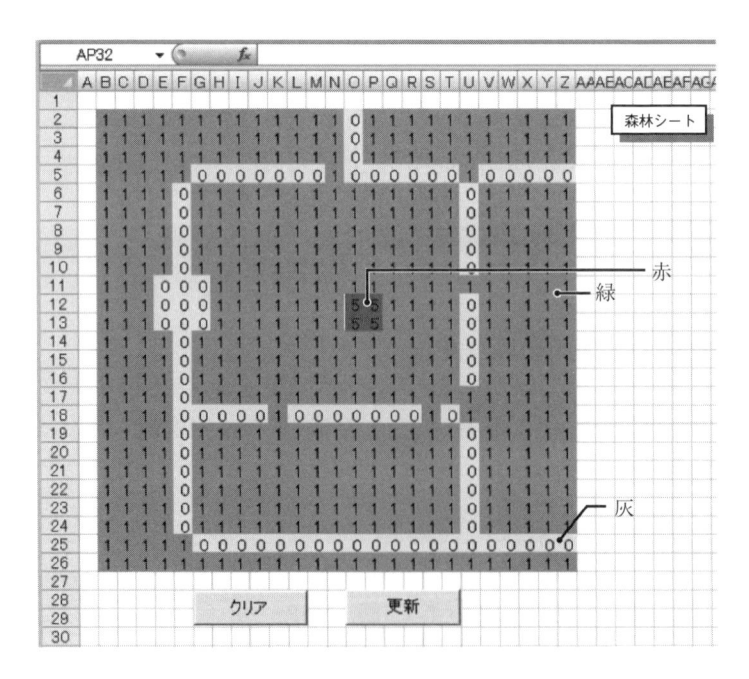

図 11.53 森林と発火箇所を設定

第 II 部 ルールを決めてシミュレーション

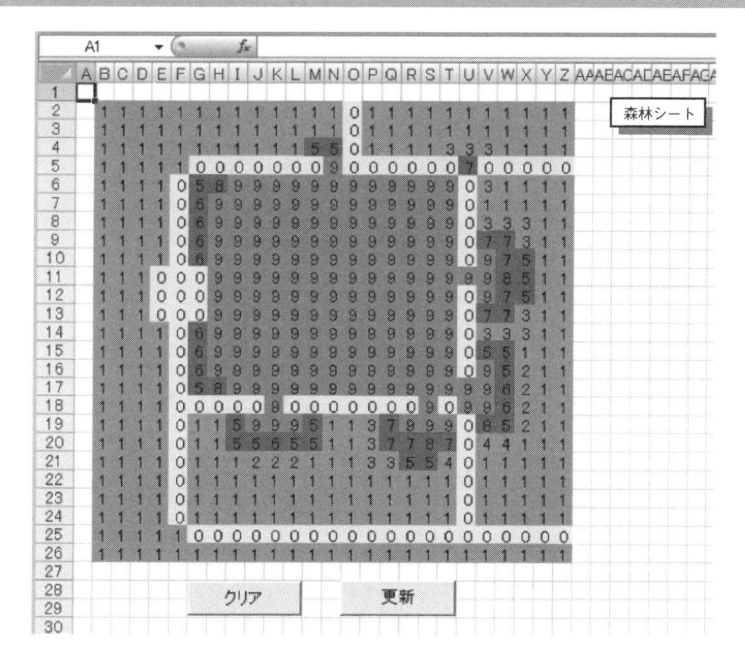

図 11.54　「更新ボタン」をクリックしてシミュレーションを続ける

10 保存して終了

最後に保存をしてから，終了しましょう．左上の「Office」ボタンをクリックし，「名前を付けて保存」のメニューにある「Excel マクロ有効ブック」を選択します．表示される「名前を付けて保存」ダイアログボックスでファイル名を「森林火災」などとして「保存」をクリックします．Excel 2010 では，「ファイル」タブからはじめます．

この章のポイント
- 火災のシナリオを表で表現する
- 表に書かれたシナリオをもとにして，燃え広がりをシミュレーションする

第 11 章 森林火災

演習問題 11

11.1 森林火災のモデルで，ルールを次のように変更してみましょう．どのような影響があるでしょうか．このとき，色の設定も修正することを忘れないようにしましょう．

		0	1	2	3	4	5	6	7	8	9
空地	0	0	0	0	0	0	0	0	0	0	
樹木	1	1	2	2	3	3	4	4	5	5	
	2	2	3	3	4	4	5	4	6	6	
	3	3	4	4	5	5	6	6	7	7	
準備	4	4	5	5	6	6	7	7	8	8	
	5	5	6	6	7	7	8	8	8	8	
	6	6	7	7	8	8	8	8	8	8	
	7	7	8	8	8	8	8	8	8	8	
	8	9	9	9	9	9	10	10	10	10	10
	9	10	10	10	10	10	11	11	11	11	11
	10	11	11	11	11	11	12	12	12	12	12
	11	12	12	12	12	12	13	13	13	13	13
	12	13	13	13	13	13	14	14	14	14	14
発火	13	14	14	14	14	14	15	15	15	15	15
	14	15	15	15	15	15	16	16	16	16	16
	15	16	16	16	16	16	17	17	17	17	17
	16	17	17	17	17	17	18	18	18	18	18
	17	18	18	18	18	18	19	19	19	19	19
	18	19	19	19	19	19	20	20	20	20	20
	19	20	20	20	20	20	20	20	20	20	20
木灰	20	20	20	20	20	20	20	20	20	20	

11.2 森林火災のモデルで，木灰となった後に新しい樹が生えてくるというシナリオを加えてみましょう．

11.3 森林火災のモデルも，セルオートマトンとよばれるモデルの一つです．次に示すルールをもつセルオートマトンはどのように振舞うでしょうか．

> 各セルは 0, 1 の値をもつ．各セルがどちらの値をとるかは，そのセルと隣接する 8 つのセルの値を合計し，次の表によってアップデートする．

9 個のセル値の合計	0	1	2	3	4	5	6	7	8	9
新しいセル値	0	0	0	0	1	0	1	1	1	1

これは，「投票」とよばれるモデルです．0 に投じられたのが 5 票，1 に投じられたのが 4 票の引き分けに近い場合は少数派に味方することになりますが，圧倒的に差のある場合は多数派を選ぶという行動を表しています．

11.4 次に示すルールをもつセルオートマトンはどのように振舞うでしょうか.

各セルは 0, 1, 2 のいずれかの値を持つ. この三つの状態はそれぞれ「**準備**」「**発射**」「**休止**」とよばれる. 隣接する八つのセルに「発射」セルがいくつあるかを計算し, この合計値によって自身をアップデートする.

発射セルの合計数	0	1	2	3	4	5	6	7	8
現在値が 0 の場合の新しいセル値	0	0	1	0	0	0	0	0	0
現在値が 1 の場合の新しいセル値	2	2	2	2	2	2	2	2	2
現在値が 2 の場合の新しいセル値	0	0	0	0	0	0	0	0	0

第12章 つながりの世界

液体が浸透する現象のモデルとして提案されたパーコレーションを Excel だけで実験してみましょう．つながりの世界にある相転移という現象を観察することができます．

12.1 穴とすき間でつながる全体を考える

パンの断面を見てみましょう．フランスパンや食パンには断面に気泡によって生じた小さな穴がたくさんあって，そのサイズや量の違によって，食感の違いを作り出しているといっていいでしょう．

図 12.1 パン，スポンジ，海綿

パンと似た断面を他にも見たことはないでしょうか．たとえば，台所などにあるスポンジもその一つでしょう．穴の大きさや密度を変えることによって，これにも色々な種類があるようです．水の含み具合を微妙に調節したり，握ったときの弾力性に変化を付けたりしています．生物界にもよく似たものがあります．海綿 (sponge) です．実は，前述のスポンジ，今では合成樹脂で作られたものがほとんどですが，もともとは海綿を加工していたのだそうです．一見，植物かと見まがう海綿は，実はりっぱな動物で，無数の穴がうまくつながっていることで生命を維持しているのだそうです．体の中を水が流れるようになっていて，表面の穴から取り込まれた水は，内部まで水中の微生物を運び，さらに別の穴を通じて体外に排出されます．穴はつながり，それでもばらばらにならずに海綿の形態を維持し機能しているのです．

パンやスポンジや海綿に見られるような，つながりの特徴を対象とした思考のモデルは「パーコレーション」とよばれています．パーコレート (percolate：濾過する，浸透する) の名詞形であって，コーヒーを入れるときに使うパーコレータはま

さに濾過する器具というわけです．コーヒーの粒と粒の間のつながった隙間をお湯が通ることによってコーヒーの成分を抽出する仕組みです．ここでは，穴またはすき間が混在する空間で全体のつながりについて考えましょう．

12.2 パーコレーション

パーコレーションは液体が浸透する現象のモデルとして，**ブロードベント** (Broadbent, S.R.) と**ハマスレー** (Hammersley, J.M.) によって 1957 年に提案されました．液体の浸透の他に，**うわさの広がり**，**伝染病**，**森林火災**，金属と絶縁体の混合物，強磁性元素と非磁性元素の混晶系などさまざまな現象解明のためのモデルとして用いられています．

格子上の一点を一つ選んでコインを投げます．コインは裏の出る確率と表の出る確率が等しいとしましょう．そして，表が出たら黒，裏が出たら白の石をその格子点に置きます．この操作をすべての格子点に対して行うと，全体は白または黒の石で満たされるでしょう．石のかたまりを**クラスター** (cluster) とよびます．ここでは黒い石に注目して，黒石のクラスターを調べることにします．クラスターは大きい物や小さいものがありますが，クラスターの大きさをそのクラスターをつくっている黒石の数で表すことにしましょう．たとえば，**図 12.2** に示す左下の楕円で囲んだクラスターでは 5 となります．

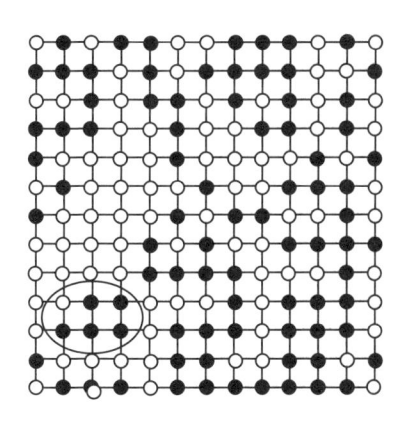

図 12.2　確率 $P = 1/2$ で碁石をならべる

第 II 部　ルールを決めてシミュレーション

12.3 確率 P を変えてみる

こんどは確率 P で黒い石を置き，確率 $(1-P)$ で白い石を置くモデルを考えましょう．図**12.3** は $P=1/4$ の場合，図**12.4** は $P=3/4$ の場合の一例です．このように確率 P によって黒い石の分布とクラスターの大きさに変化が見られます．確率 P を少しずつ大きくしていくと，この黒石のクラスターはだんだん大きくなるでしょう．確率 P がある程度大きいときには，黒石のクラスターは上下左右の 4 辺とつながることがあります．同じ確率 P でもつながらない場合もあります．P を増加すると黒石のクラスターが上下左右につながる回数，すなわち，つながる確率が増加するのです．この確率を「浸透確率」とよびます．黒石のクラスターが上下左右の 4 辺とつながるということは，たとえば，そのような材料中を水がしみて材料の端から端までずっと浸透することを意味しています．黒い石が金属で白い石が絶縁物質だとすれば，電流が流れることを意味します．

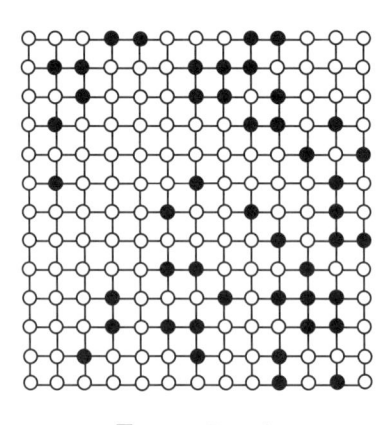

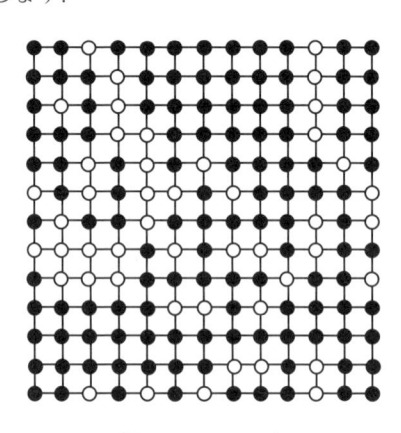

図 **12.3** $\quad P=1/4$　　　　　図 **12.4** $\quad P=3/4$

とくに興味深いのは，確率 P が 0.5 程度を超えるまでは浸透確率が常に 0 であり，これを超えると急激に大きくなることです．実験によるとだいたい図 **12.5** のようになります．つまり，$p \cong 0.5$ のあたりを境にまったく「つながらない世界」と「つながる世界」に分かれるのです．この境目の確率を**臨界確率** P_{cr} とよび，「つながらない世界」から「つながる世界」への変化のことを**相転移**とよびます．

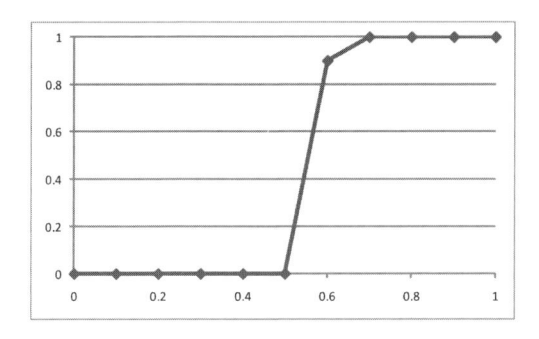

図 12.5　浸透確率の変化

12.4　Excel でパーコレーション

1　Excel の起動と準備

　それでは，パーコレーションを調べましょう．Excel を起動してください．まず，新しいシートの名前を変更しましょう．「Sheet1」を右クリックしてメニューから「名前の変更」を選択します．Sheet1 は「媒質」です．同じようにして Sheet2 を「クラスター」，Sheet3 を「次ステップのクラスター」に変更しましょう．もう一枚シートを追加して「ルール」とします (図 12.6)．シートの追加には，4 枚目にある「ワークシートの挿入」タブをクリックします．

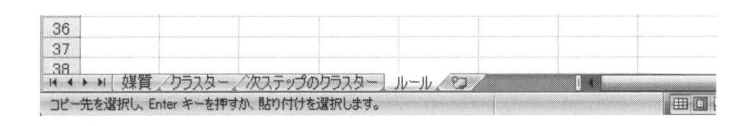

図 12.6　シートの名前

　「媒質」シートの A 列をクリックし，そのままドラッグして W 列までを選択します (図 12.7)．「ホーム」タブにある「セル」グループの「書式」メニューから「行の高さ」を選択して (図 12.8)，現れるダイアログボックスで行の高さを 12 と入力し OK をクリックします (図 12.9)．同じように「列の幅」を選択して (図 12.10)，ダイアログボックスで列幅を 1.5 と入力し OK をクリックします (図 12.11)．正方格子が設定されます (図 12.12)．次に B2 セルをクリックしたまま V22 までを選択し (図 12.13)，「フォント」グループの「塗りつぶしの色」から薄い灰色を選んで背景色とします (図 12.14)．残りの「クラスター」「次ステップのクラスター」シートも同じように正方格子にして同じ領域に灰色を塗っておきましょう．

第 II 部　ルールを決めてシミュレーション

図 12.7　A 列から W 列までを選択

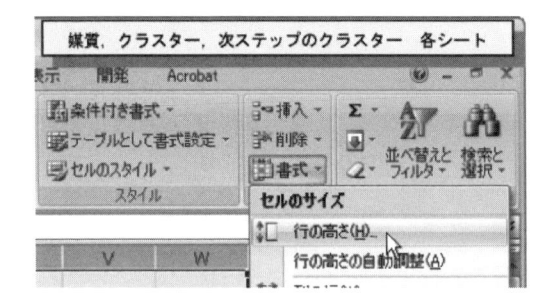

図 12.8　行の高さを選択

図 12.9　行の高さを 12 に指定

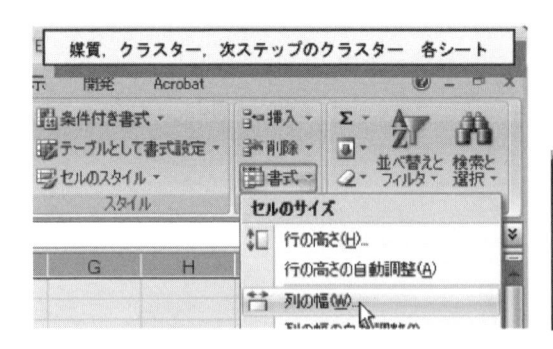

図 12.10　列の幅を選択

図 12.11　列幅を 1.5 に変更

図 12.12　正方格子

12.4 Excelでパーコレーション

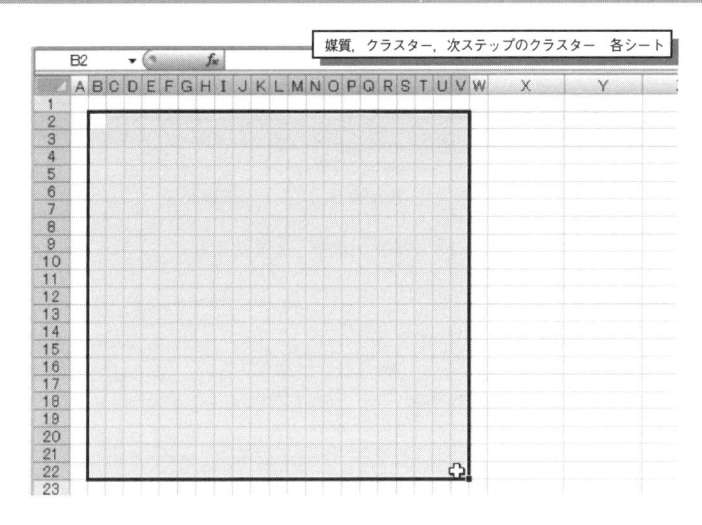

図 12.13　B2〜V22 を選択

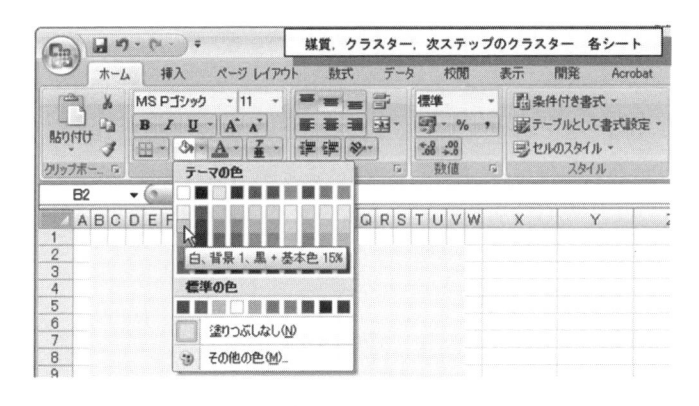

図 12.14　背景色を灰色に

2　媒質をランダムに配置する

準備ができましたので「媒質」シートから始めましょう．ここでは，ある確率 P で各セルに 1 を生成します．確率 P が 1 でないかぎり，領域には 0 と 1 が混ざった状態になるでしょう．1 となったセルには穴が，0 となったセルには物質があると考えると 1 で表されるクラスターが上下左右の 4 辺とつながるほどの大きさである場合には水は全体に浸透し，そうでない場合には浸透しないと考えることができます．さっそく，確率 P で 1 を代入する方法を考えましょう．

図 12.15 は，確率 0.5 で 1 を発生する方法を示しています．1＋0.5 の位置からランダムに生成した 0〜1 の乱数の分だけ戻ることを説明しています．1 の目盛りの左右のどこかに戻りますが，左右の長さは同じ 0.5 ですから，たくさん実験すれば，

第 II 部　ルールを決めてシミュレーション

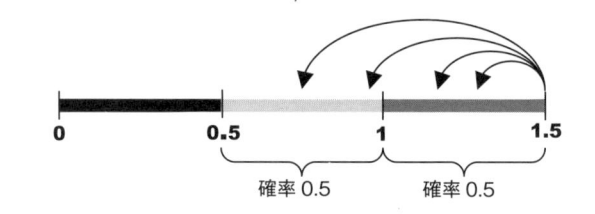

図 12.15 確率 0.5 で 1 を生成する

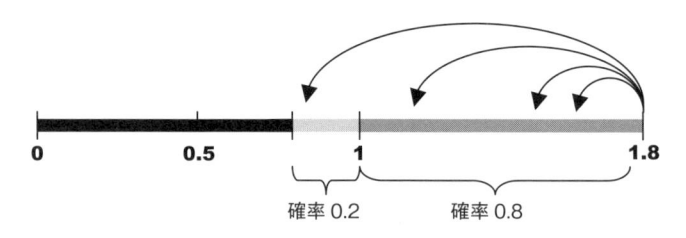

図 12.16 確率 0.8 で 1 を生成する

どちらにもほぼ同じ回数だけ戻ることになるでしょう．戻った点の値を切り捨てすれば，左では 0，右では 1 ということになります．したがって，1 が確率 0.5 で生成されることになります．確率 0.8 で 1 を生成したいなら，図 **12.16** のように 1 + 0.8 の位置からランダムに戻ればいいでしょう．1 を超える確率は 0.8 であり，1 以下となる確率は 0.2 ですから，切り捨てによって 1 が確率 0.8 で生成されるというわけです．

「媒質」シートの X2 に「確率 P=」と記入しましょう．確率はとりあえず 0.7 として，Y2 には「0.7」と書きましょう（図 **12.17**）．

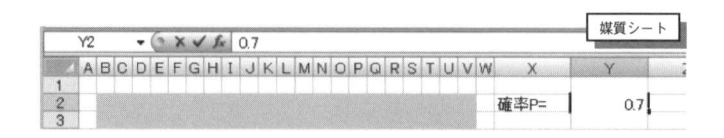

図 12.17 確率 $P = 0.7$ に設定

セル B2 をクリックして，ここに図 12.15 と図 12.16 で示された計算法を適用します．すなわち，

```
=INT(1+$Y$2-RAND())
```

と書いて ENTER キーを押しましょう（図 **12.18**）．ここで，INT( ) は切り捨てによって整数化するための関数です．また，RAND( ) は 0〜1 の間の乱数を生成します．B2 の計算ができたらこれをコピーして全体に広げましょう．もう一度 B2 をクリックして選択し，その右下のフィルハンドルを引っ張って V2 まで広げます

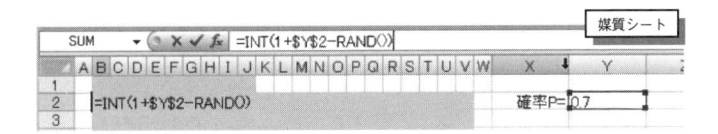

図 12.18 確率 P で 1 を生成

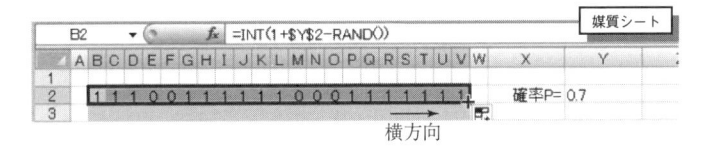

図 12.19 横方向へコピー

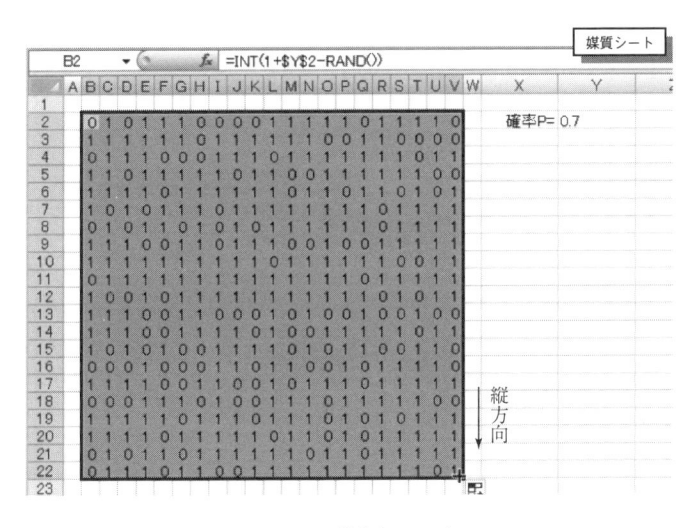

図 12.20 縦方向へコピー

(図 12.19)．さらにフィルハンドルを下に引っ張って，V22 までコピーを広げます (図 12.20)．これで媒質に 0 または 1 がランダムに配置されたでしょう．1 の割合がほぼ 7 割となっていることを確認してください．

3 媒質を色で表現する

数字だけではわかりにくいので，1 の部分に色を塗りましょう．B2～V22 をもう一度選択しておいて，「ホーム」タブにある「スタイル」グループの「条件付き書式」メニューから「セルの強調表示ルール」→「指定の値に等しい」と進んで (図 12.21)，表示されるダイアログボックスで「1」を入力し書式を「ユーザー設定の書式」とします (図 12.22)．「セルの書式設定」ダイアログボックスが表示されますから「塗りつぶし」タブをクリックして，茶色を指定し OK をクリックしましょう

第 12 章　つながりの世界

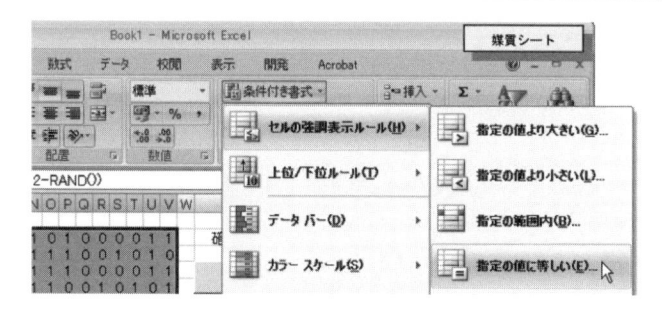

図 12.21　「指定の値に等しい」を選択

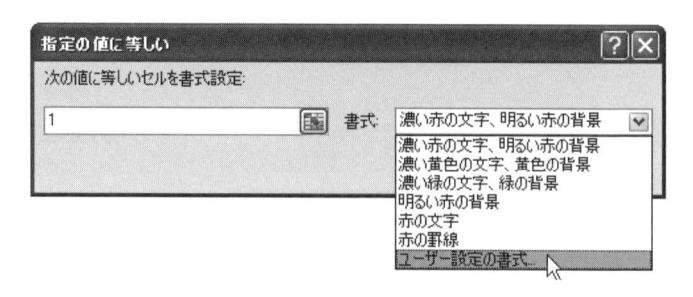

図 12.22　「ユーザー設定の書式」を選択

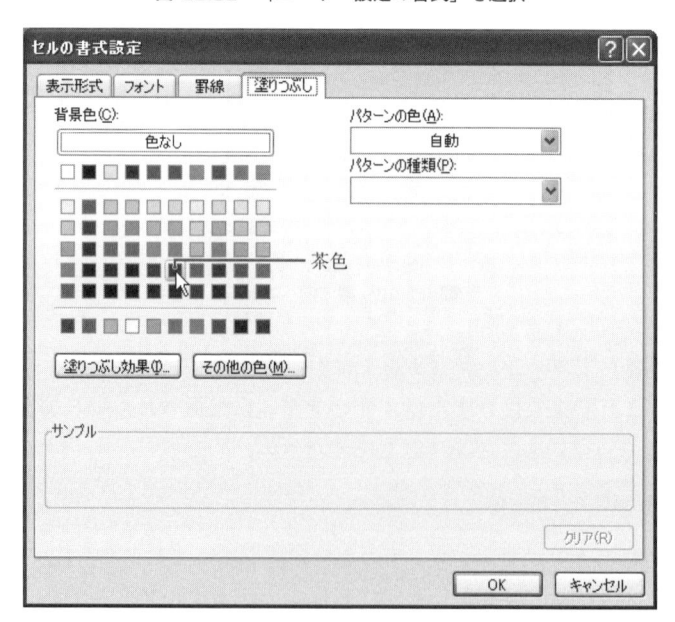

図 12.23　セルの書式設定

(図 12.23)．さらに「指定の値に等しい」ダイアログボックスで「OK」をクリックすると (図 12.24)，1 が入力されたセルが茶色になります (図 12.25)．

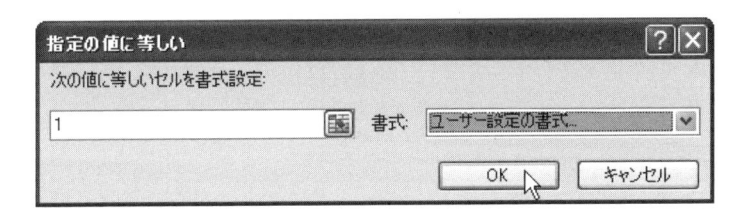

12.4 Excel でパーコレーション

図 12.24 OK をクリック

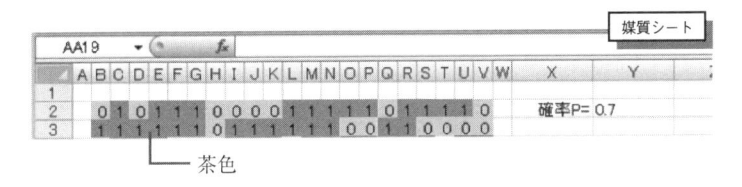

茶色

図 12.25 色で表現された媒質

4 自動計算の設定を解除する

Excel は「自動計算」がデフォルトの設定になっています．これは，セルのどこかに変化があると自動的に Book 全体を再計算する仕組みです．今回は，これが不都合ですので解除することにします．左上の「Office」ボタンをクリックし，現れたメニューで「Excel のオプション」を選択します (図 12.26)．「Excel のオプショ

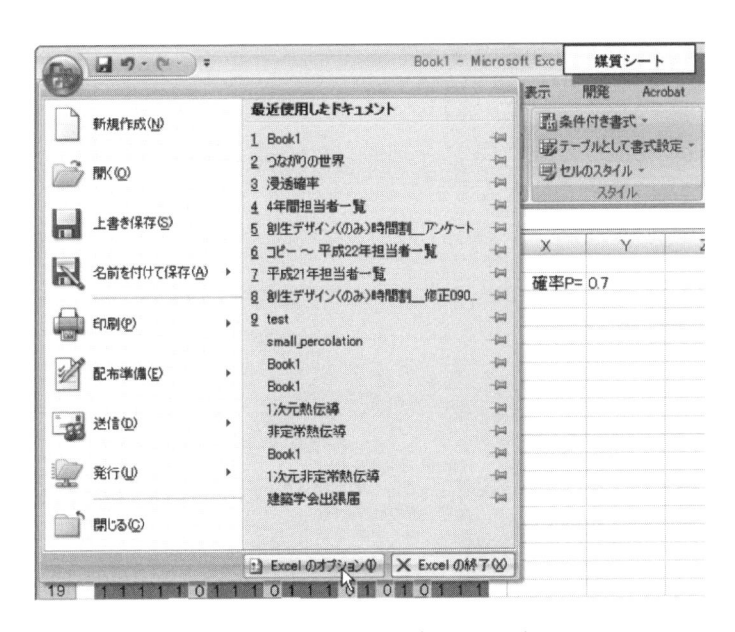

図 12.26 Excel のオプションを選択

第 II 部 ルールを決めてシミュレーション

ン」ダイアログボックス左にある数式という項目の計算方法の設定を「手動」に切り替えて OK をクリックしてください (図 12.27)．Excel 2010 では，「ファイル」タブからはじめます．

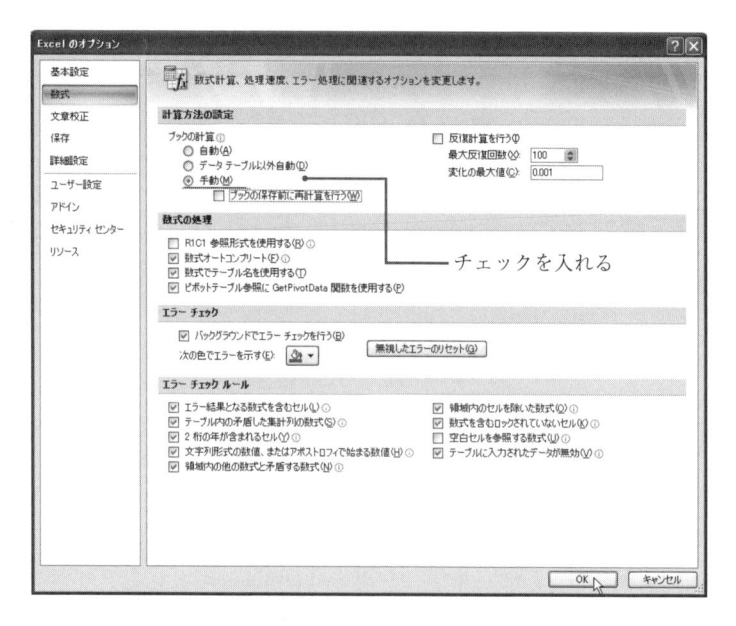

図 12.27 手動に切り替え

5 「再計算ボタン」を設定する

「開発」タブの「コントロール」グループにある「挿入」メニューから「コマンドボタン (ActiveX コントロール)」を選択します (図 12.28)．「媒質」シートの「確率 P=」の下のあたりにマウスをドラッグしてボタンを一つ貼り付けましょう (図 12.29)．貼り付けたボタンを選択し，同じ「コントロール」グループにあ「プロパ

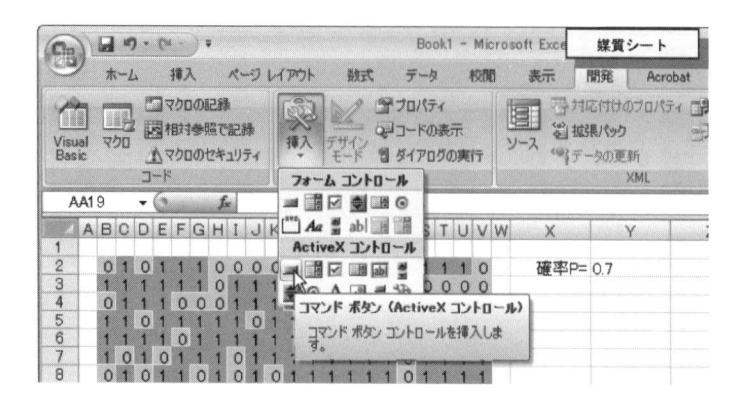

図 12.28 コマンドボタンを選択

12.4 Excel でパーコレーション

ティ」を選択します (図 12.29).「プロパティ」ダイアログボックスで「オブジェクト名」を「再計算ボタン」,「Caption」を「再計算」と変更してください (図 12.30).

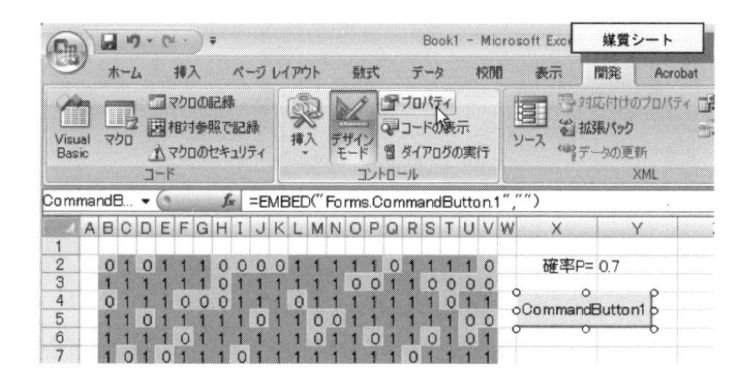

図 12.29 コマンドボタンを貼り付け

図 12.30 プロパティの変更 ⚠ 設定したら閉じる.

6 ボタンの動作を設定する

ボタンの準備ができたら，次はその中身です．「再計算ボタン」をダブルクリックします．(図 12.31) Visual Basic Editor に「Private Sub」で始まり,「End Sub」で終わる 2 行が表示されます．

この 2 行の間に 2 行を追加して

```
Private Sub 再計算ボタン_Click()
  Sheets("媒質").Calculate
  Sheets("媒質").Range("L12") = 1
End Sub
```

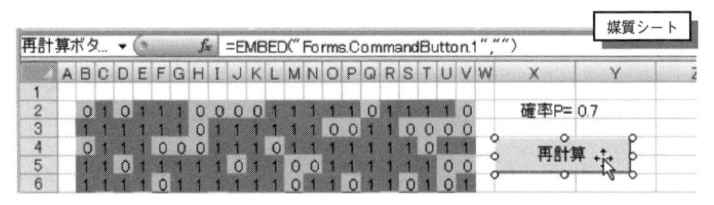

図 12.31 再計算ボタンをダブルクリック

```
Private Sub 再計算ボタン_Click()
    Sheets("媒質").Calculate
    Sheets("媒質").Range("L12") = 1
End Sub
```

図 12.32 二行を追加 ⚠

> ⚠ 設定したら閉じる．

としましょう (図 12.32)．追加した 2 行は，「媒質」シートを再計算し，その後，中央にある L12 のセルを強制的に 1 とすることを意味しています．これによって「再計算ボタン」がクリックされたとき，ランダムな配置が変更されますが，中央だけは常に 1 となるわけです．実は中央から四方へのつながりを調べたいので，常に中央は 1 としておきたいのです．ここまでできたら，再計算を試してみましょう．「デザインモード」をオフにして (図 12.33)，再計算ボタンをクリックしてください (図 12.34)．ランダムな媒質が再配置されるでしょう．このとき，中央の L12 が 1 であることも確認してください．

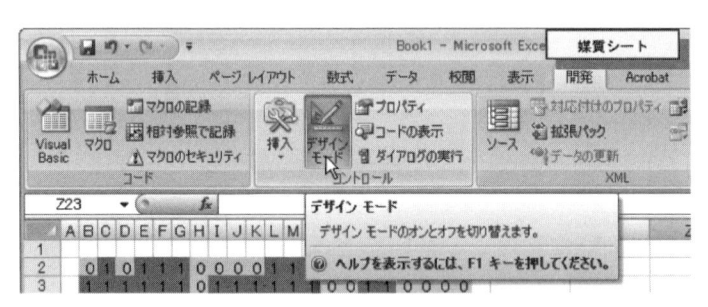

図 12.33 デザインモードをオフ

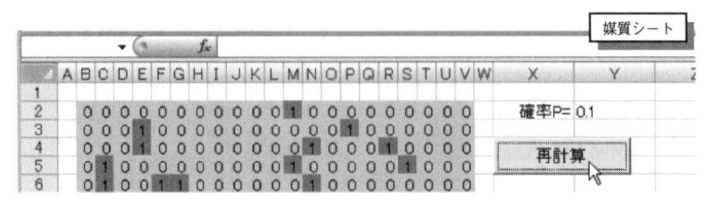

図 12.34 再計算ボタンを試す

12.4 Excel でパーコレーション

7 「クラスター」シートにもコマンドボタンを準備する

「媒質」シートで1となっているセルについて，中央からつながるクラスターのサイズを調べましょう．そのために，中央のセル L12 からインク (液体) を流すようなイメージでクラスターのつながりを調べます．すなわち，つながったセルには次々とインクが流れて拡がっていきますから，拡がりが停止するまで調べればクラスターを確認できるというわけです．インクの拡がりを1ステップずつ確認するためにコマンドボタンを使いましょう．また，拡がったインクを元に戻すのにもコマンドボタンを使うことにします．

「再計算ボタン」と同じようにして「クラスター」シートにコマンドボタンを二つ貼り付けましょう (図 12.35)．さらに，それぞれのプロパティも変更します．一つ目のボタンは，オブジェクト名が「更新ボタン」で，キャプションが「更新」です．二つ目のボタンはそれぞれ「初期化ボタン」「初期化」とします (図 12.36)．

図 12.35 コマンドボタンを二つ貼り付ける

図 12.36 プロパティの変更 △

△ 設定したら閉じる．

8 ボタンの機能を設定する

まず,「初期化」から設定しましょう.デザインモードがオンであることを確認して「初期化ボタン」をダブルクリックします(図 **12.37**).すると,Visual Basic Editor に「`Private Sub`」で始まり,「`End Sub`」で終わる 2 行が表示されます.

この 2 行の間に 2 行を追加して

```
Private Sub 初期化ボタン_Click()
    Sheets("クラスター").Range("B2:V22") = 0
    Sheets("クラスター").Range("L12") = 1
End Sub
```

としましょう(図 **12.38**).「1」はインクが置かれたことを示します.追加した 1 行

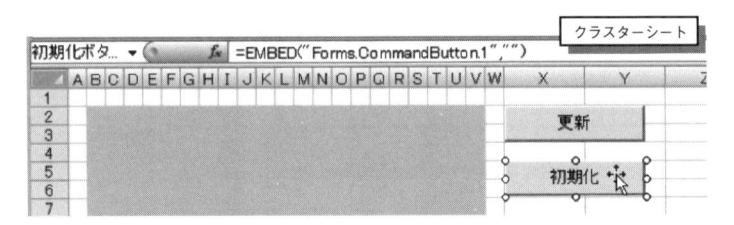

図 **12.37** 初期化ボタンをダブルクリック

図 **12.38** コードの追加 △

△ 設定したら閉じる.

図 **12.39** 初期化ボタンを試す

目は，領域から一切のインクを取り除くことを，2 行目は中央のセル L12 にインクを流し始めたことを意味します．これもうまくできたかどうか試しておきましょう．デザインモードをオフにして，「初期化ボタン」をクリックします (図 12.39)．すると，L12 の部分だけが 1 となりますね．

9 インクが浸透した部分 (クラスター) を色で表現する

B2〜V22 をもう一度選択しておいて，「ホーム」タブにある「スタイル」グループの「条件付き書式」メニューから「セルの強調表示ルール」→「指定の値に等しい」と進んで (図 12.40)，表示されるダイアログボックスで「1」を入力し書式を「ユーザー設定の書式」とします (図 12.41)．「セルの書式設定」ダイアロボックスが表示されますから「塗りつぶし」タブをクリックして青色を指定し OK をクリックしましょう (図 12.42)．さらに「指定の値に等しい」ダイアログボックスで OK をクリックすると (図 12.43)，1 が入力されたセルが青色になります．

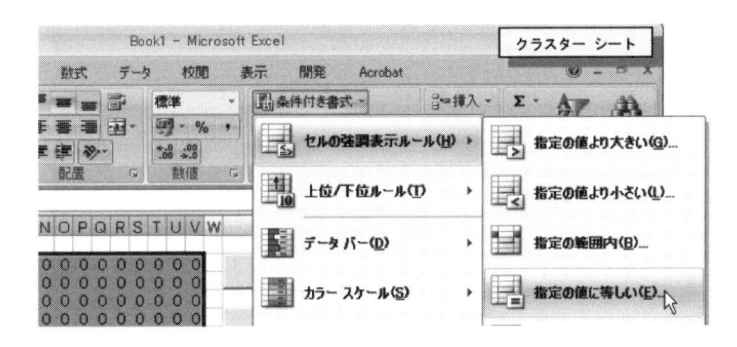

図 12.40 「指定の値に等しい」を選択

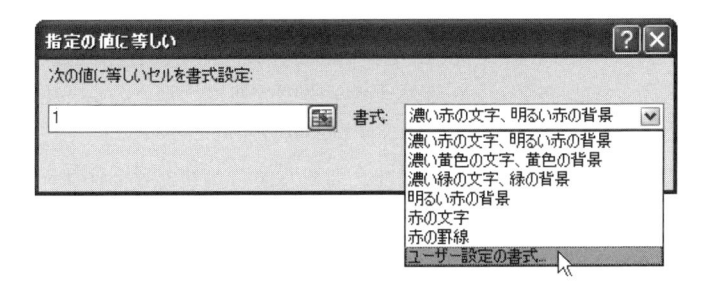

図 12.41 「ユーザー設定の書式」を選択

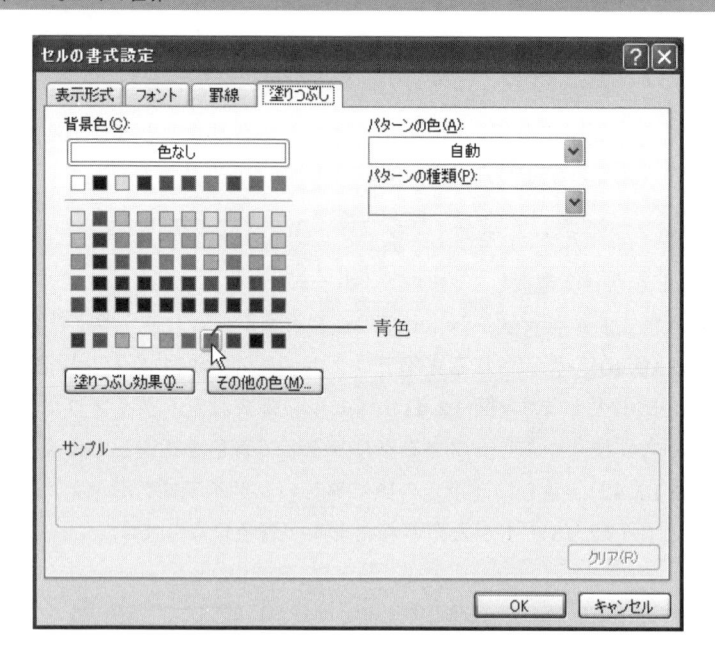

図 12.42　青色を選択

図 12.43　OK をクリック

10　インクの浸透をルールにする

　媒質中の穴の分布とクラスターを示すインクの分布は，別々のシートに書かれています．穴の分布は「媒質」シートに，インクの分布は「クラスター」シートです．たとえば図 12.44 のようになっています．これらを合わせて考えれば，図 12.45 のような状態を表していることになります．

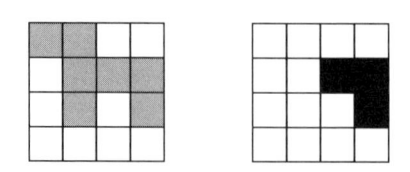

図 12.44　「媒質」シートの穴 (左) と「クラスター」シートのインクの分布 (右)

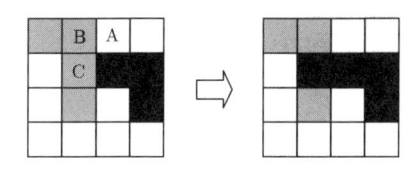

図 12.45　インクの浸透

　次の時刻で，A，B，Cのセルにはインクが拡がるでしょうか．Aのセルはインクがすぐ隣のセルまで来ていますが，Aは穴ではありません (媒質の値が 0) からインクは浸透しません．Bのセルは穴 (媒質の値が 1) ですが，インクが隣まで来ていませんから次の時刻にはインクは浸透しません．一方，Cのセルは穴で，インクもすぐ隣まで迫ってきていますから次の時刻ではインクの浸透があるはずです．つまり，媒質が「1」でその上下左右にインクがあれば，次の時刻でインクの浸透があるわけです．上下左右とその中心の 5 つのセルを**ノイマン近傍**といいます．上下左右にインクがあるというのは，「クラスター」シートでノイマン近傍の合計が 1〜5 の場合ということになります．浸透のルールをまとめれば**表 12.1**のようになるでしょう．「ルール」シートを選んで，**図 12.46**のようにルール表を作ってください．

表 12.1　浸透のルール

		ノイマン近傍の合計					
		0	1	2	3	4	5
媒質	0	0	0	0	0	0	0
	1	0	1	1	1	1	1

図 12.46　ルール表

11　ルールを適用する

　ルールを適用するということは，表を引くことそのものです．表を引くには「INDEX」という関数を使います．「INDEX」の使い方の基本は次のようなものです．

　　　　INDEX(表の範囲, 表中の行番号, 表中の列番号)

「表の範囲」というのは表に付けられた見出しなどを省いた部分のことです．図 12.46 の表では C3〜H4 の範囲ですね．この範囲は，どのセルから表を引く(参照する)ときでも変化しませんから，そのことを明確にしておかなければなりません．これを絶対参照といい，\$C\$3〜\$H\$4 というように「\$」を付けて表現します．「表中の行番号」は穴ではない「0」の場合には 1 行目を，また穴である「1」の場合には 2 行目を参照するのですから，「媒質の値 +1」となります．「表中の列番号」は隣接する五つのセルの合計値に関係します．ただし，合計が「0」のときは 1 列目，「1」のときは 2 列目というように参照するのですから，「合計 +1」に注意しなければなりません．したがって，「次ステップのクラスター」シートの B2 のセルには，

　　　　=INDEX(ルール!\$C\$3:\$H\$4,媒質!B2+1,
　　　　　クラスター!B2+クラスター!B1+クラスター!C2+クラスター!B3+クラスター!A2+1)

> ⚠ =INDEX〜!A2+1) までは続けて 1 行で記述します．

と入力して ENTER キーを押します(図 12.47)．「次ステップのクラスター」シートの領域内の他のセルも同じような処理が必要ですから，B2 のセルを領域全体にコピーします．B2 のセルをクリックし，フィルハンドルをドラッグして領域全体にコピーしましょう(図 12.48)．クラスターに変化はありましたか．再計算を自動に行うよう設定されていませんので，計算結果が最新の状態になっていません．確認したければキーボードのファンクションキー F9 を押してみてください．変化があるはずです．

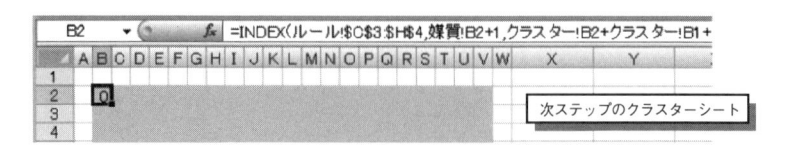

図 12.47　ルールの適用

12.4 Excelでパーコレーション

図 12.48 全体にコピー

12 「更新」の中身を作成する

「クラスター」シートに戻りましょう．「更新」の中身は，シートからシートへのコピーです．「クラスター」シートに書かれた現在の値をもとに次の時刻の値が計算され「次ステップのクラスター」に書かれていますから，次はこの「次ステップのクラスター」シートの値を「クラスター」シートにコピーすればいいわけです．これには，「マクロの記録」を利用します．「開発」タブにある「コード」グループの「マクロの記録」をクリックしてマクロの記録を開始します (図 12.49)．「マクロの記録」ダイアログボックスでマクロ名を「更新」として OK をクリックします (図 12.50).

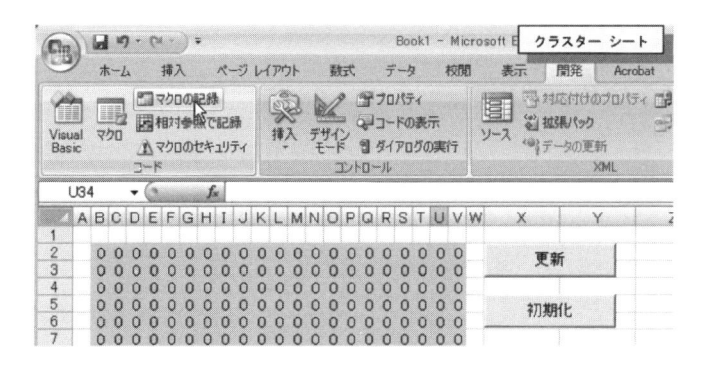

図 12.49 「マクロの記録」開始

第 II 部 ルールを決めてシミュレーション

第 12 章　つながりの世界

図 12.50　マクロ名を「更新」に

　ここからの動作がプログラムとして記録されるのです．まず，「次ステップのクラスター」シートをクリックします．「次ステップのクラスター」シートの領域全体を選択して「ホーム」タブにある「クリップボード」グループの「コピー」を使ってコピーします (図 5.51)．

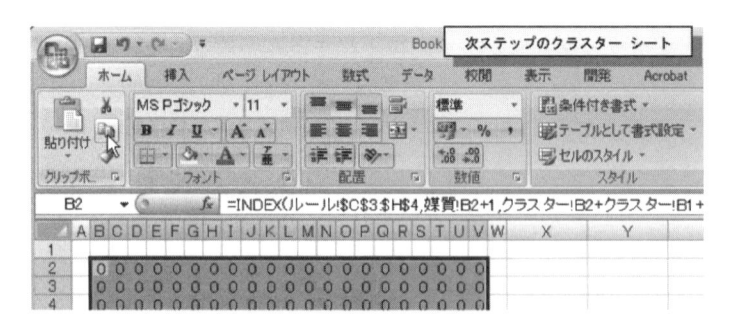

図 12.51　ホームタブからコピーを選択

　「クラスター」シートに戻り領域全体を選択します．ここで，「ホーム」タブにある「貼り付け」の下の小さな三角形をクリックして，そのメニューから「形式を選択して貼り付け」を選択します (図 12.52)．表示されたダイアログボックス「値」を選択し「OK」をクリックします (図 12.53)．最後に A1 セルをクリックしここでマクロ記録を終了します (図 12.54)．

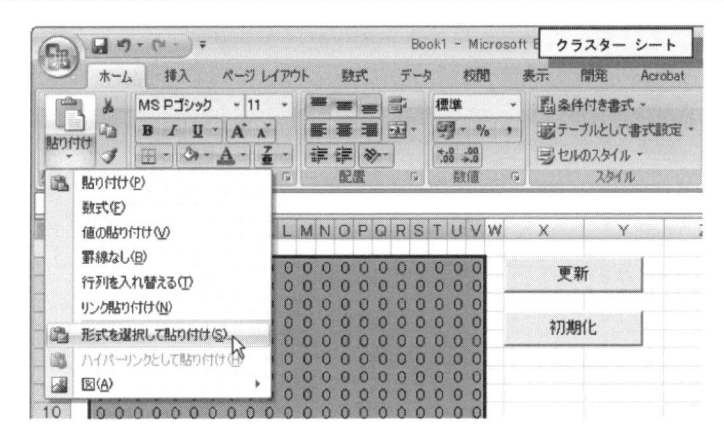

12.4 Excel でパーコレーション

図 12.52 形式を選択して貼り付け

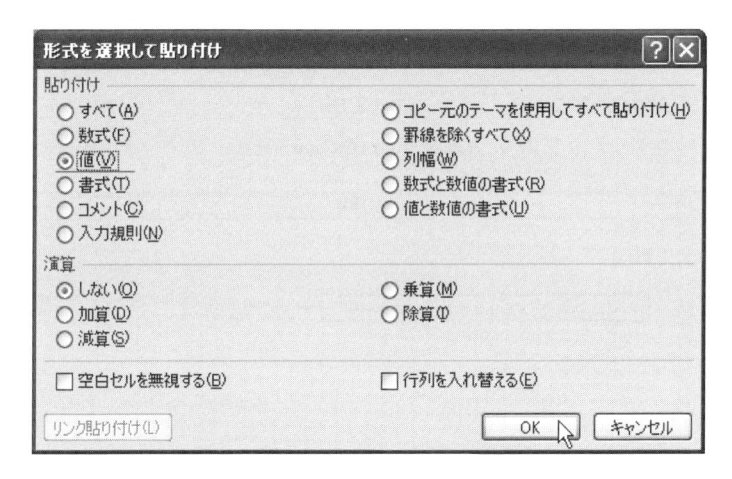

図 12.53 「値」に設定変更

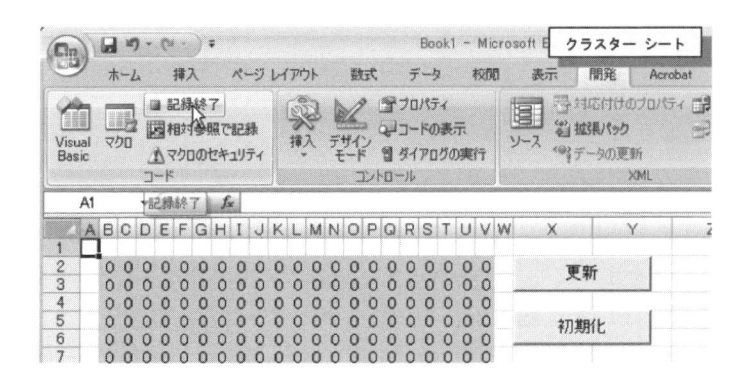

図 12.54 「記録終了」をクリック

第 II 部 ルールを決めてシミュレーション

第12章 つながりの世界

「開発」タブにある「コントロール」グループの「コードの表示」をクリックしてください．表示されたプロジェクト・エクスプローラで「標準モジュール」の中のModule1を開きます．ここに，「Sub 更新 ()」というプログラムができています（図 12.55）．

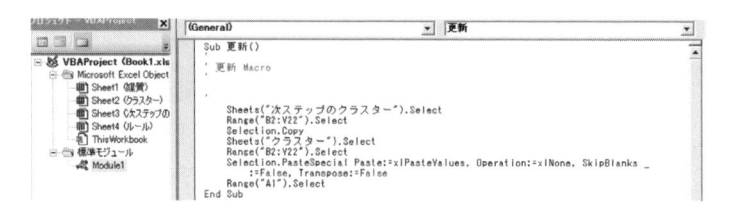

図 12.55 記録されたプログラム

これは先ほどの処理の過程を記録したものです．さらにインクの浸透を進めるためには，「次のステップのクラスター」シートを再計算する命令が必要となります．このため次の命令を追加しましょう（図 12.56）．

```
Sheets("次のステップのクラスター").Calculate
```

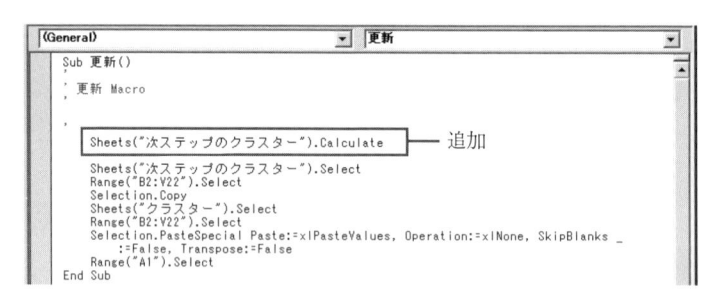

図 12.56 再計算の命令を追加 △

△ 設定したら閉じる．

13 「更新ボタン」と関係づける

「次ステップのクラスター」シートから「クラスター」シートへのコピーという動作が「更新ボタン」が押されたときに実行されよう関係づけましょう．これには，デザインモードをオンにして「更新ボタン」をダブルクリックします（図 12.57）．Private Sub ではじまり End Sub で終わるプログラムの枠組みが表されます．この間に「更新」と書きましょう（図 12.58）．これによって，「更新ボタン」がクリックされたなら先ほどマクロ記録で作成したプログラム「更新」が一度実行される仕組みができました．

12.4 Excel でパーコレーション

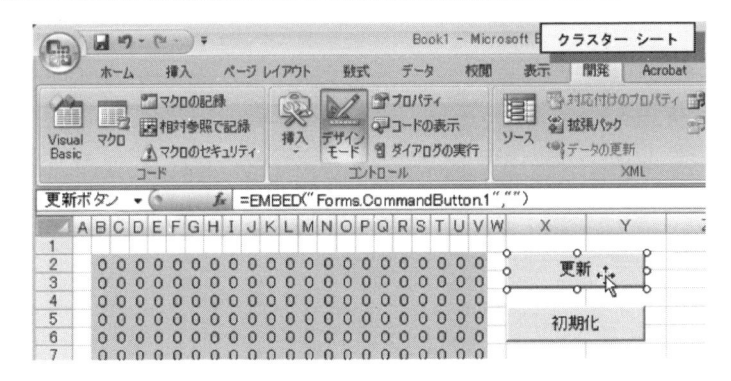

図 12.57　「更新ボタン」をダブルクリック

図 12.58　「更新」を追加 △

△ 設定したら閉じる．

14　動作を確認する

　デザインモードをオフにして，動作を確認しましょう．まず，「媒質」シートで確率 P を設定します．確率 P は 0〜1 の間ですから $P = 0.7$ を試してみましょう．Y2 セルに 0.7 と記入して ENTER キーを押し，「再計算ボタン」をクリックします（図 **12.59**）．次は，「クラスター」シートで中央からつながるクラターを調べます．「クラスター」シートに移動した後，「初期化ボタン」をクリックします（図 **12.60**）．すると，中央からインクが流れ始め，「更新ボタン」をクリックするたびにインクの浸透が拡がっていきます（図 **12.61**）．図 **12.62** には，大きなクラスターが生成されて四方の境界までつながった様子が示されています．

第 12 章 つながりの世界

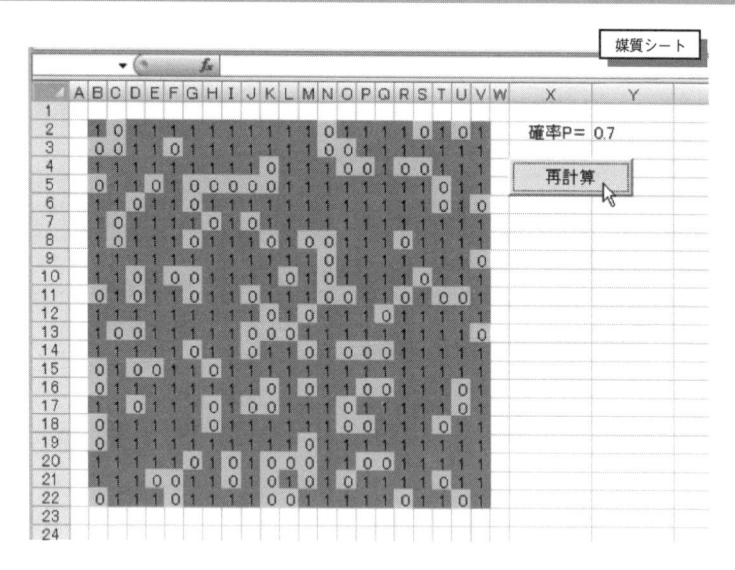

図 12.59 確率を設定して再計算

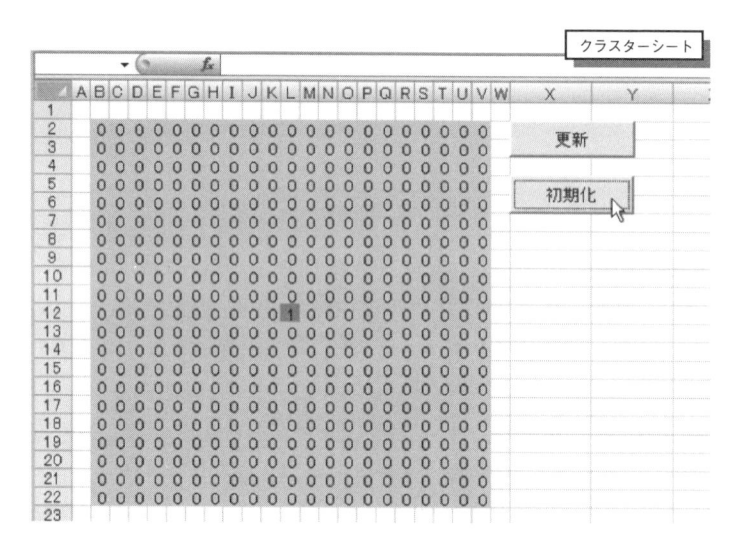

図 12.60 クラスターを初期化

12.4 Excel でパーコレーション

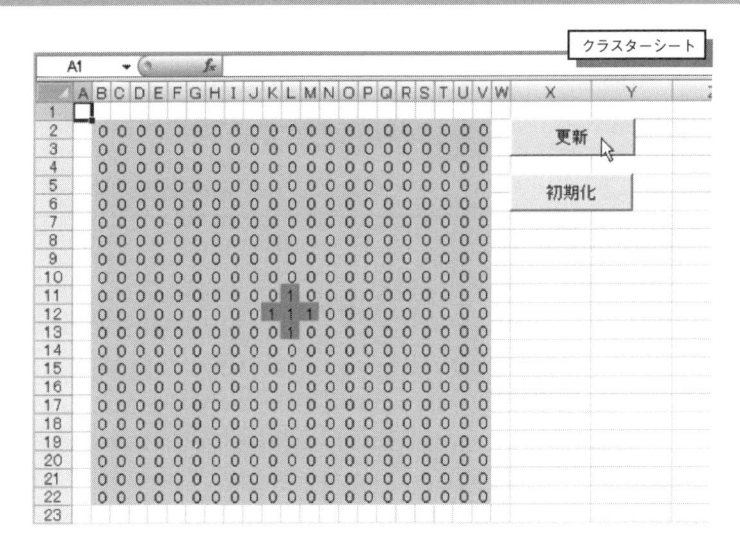

図 12.61 更新ボタンをクリック

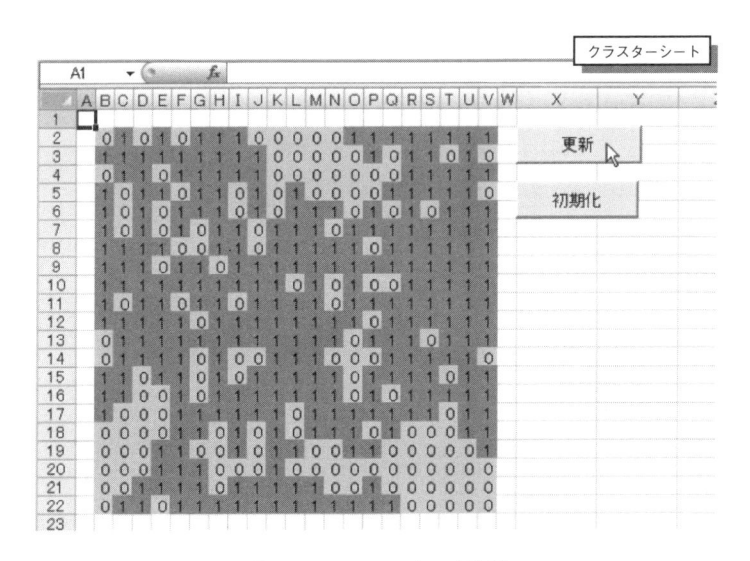

図 12.62 クラスターを確認

15 保存して終了

最後に保存をしてから，終了しましょう．左上の「Office」ボタンをクリックし，「名前を付けて保存」のメニューにある「Excel マクロ有効ブック」を選択します．表示される「名前を付けて保存」ダイアログボックスでファイル名を「パーコレーション」などとして「保存」をクリックします．Excel 2010 では，「ファイル」タブからはじめます．

第 12 章　つながりの世界

この章のポイント
■ パーコレーションを知る
■ 確率モデルのあつかい方を学ぶ
■ 相転移を観察する

演習問題 12

12.1 確率 P を 0 から 1 まで 0.1 刻みで変化させ，各確率に対して 10 回の数値実験を実行してください．それぞれの確率 P に対して中央から四方の境界までつながった回数を数え，浸透確率を計算します．たとえば，8 回なら $8/10 = 0.8$ です．結果は，図 12.5 のようなグラフにまとめるとよいでしょう．また，変化の激しい部分については確率 P のきざみ幅を小さくするなどして詳細に調べることをお勧めします．

索　引

Excel 関連

あ 行

Excel オプション　4
INT()　196
INDEX　140, 155, 176, 208
Excel 2010　200
Excel のオプション　87
Excel マクロ有効ブック　106, 187, 215
Office ボタン　4, 87
オブジェクト名　93, 103, 157, 179, 201
折れ線　122

か 行

開発タブ　4, 87
COUNTIF　154, 174
カラースケール　101, 117
Caption　93, 103, 157, 179, 201
強調表示ルール　170
行の高さ　170, 193
グラフタイトル　9
グラフツール　39, 66
グラフの種類の変更　13, 29, 40, 52, 80, 120
形式を選択して貼り付け　95, 159, 181, 210
罫線　90
格子　90
コードの表示　98, 182
コマンドボタン　93, 156, 178, 200
コントロールの書式設定　15
コントロールハンドル　9

さ 行

再計算　212
SIN()　78
sin 関数　78
散布図　8, 28, 39, 51, 66, 79, 119
軸　10
軸の書式設定　66
シート　5
自動計算　199
条件付き書式　101, 117, 134, 149, 170, 197, 205

SQRT()　50
スクロールバー　14
絶対参照　7, 25, 27, 37, 50, 64, 78, 208
セルの強調表示ルール　149, 197, 205
セルの書式設定　135
セルを連結して中央揃え　115
相対参照　7, 25
外枠太罫線　148

た 行

デザインモード　100, 163, 183
データの選択　124
テーマの色　90
テンプレート　11, 52, 66, 80

な 行

名前の変更　5
名前を付けて保存　18
塗りつぶしの色　132, 170
貼り付け　159, 181, 210

は 行

凡例　8, 9, 41, 121
PI()　76
Visual Basic Editor　87, 157, 201
標準モジュール　98, 104, 162, 182, 212
ファンクションキー F9　208
フィルハンドル　7, 26, 91
フォント　24
ブック　3
プロパティ　93, 103, 179, 201
平方根　50, 64

ま 行

マイテンプレート　40
マクロ　87, 89
マクロの記録　95, 179, 209
目盛線　11
Module1　98, 104, 162, 182, 212

ら 行

RAND()　196
リボン　4, 88

索引

リボンのユーザー設定　4
レイアウト　41
列の幅　89, 112, 131, 148, 170, 193
連続データの作成　6, 36, 63, 77, 113

一般

あ行

アーチ橋　57
圧縮　58
アニメーション　87
生き残り　145
イモ貝　129
インフルエンザ　33
ウルフラム: Stephen Wolfram(1959〜)　129
うわさの広がり　191
SIRモデル　43
エピデミック　44
円周率　76
温度勾配　109

か行

ガウディ　57
カオス　84
隔離　33
加速度　72
カテナリー曲線　57
感受性人口　33
感染人口　33
休止　189
境界　133
境界条件　115, 136
協調行動　128
局所的　128
錦帯橋　57
近傍　144
クラスター　191
グルグルトンボ　71
ケルマック　33
減衰項　74
懸垂線　57
厳密解　70
交通渋滞　128
個体数　20
児玉九郎右衛門　57
コンウェイ　144

さ行

逆さ吊り模型　57
砂丘　128
サグラダ・ファミリア　57
差分表現　111
三平方の定理　60
死　144, 145
時間区間　22
色素細胞　129
質量　72
死亡率　21
周期境界条件　151
収束　56
重力加速度　47, 59
出生率　21
準備　189
消火活動　167
状態　130
森林火災　167, 191
森林管理　167
スペイン風邪　33
生　144
生態系　21
正方格子　144
絶縁体　108
セルオートマトン　129
相互作用　128
相転移　192

た行

誕生　144
力　72
地球温暖化　167
データ系列の書式設定　54
伝染病　191
テンプレート　30
投票　188
トリチェリ　47
鳥の群れ　128

な行

二進数　130
ニュートンの運動方程式　72
熱伝導係数　108, 110
熱伝導方程式　110, 127
熱容量　109
熱流密度　110
熱量　109
粘性　47, 48

ノイマン近傍　144, 207

は　行

パーコレーション　190
発射　189
ハマスレー　191
繁殖　20
パンデミック　33
半導体　108
被食者　20
非線形振り子　71
ピタゴラスの定理　60
引っ張り　58
比熱　109
ファイル名　18
ブロードベント　191
噴出速度　47

ペスト　33
変数分離形　56
捕食者　20

ま　行

マーカーのオプション　54
曲げ　58
マッケンドリック　33
ムーア近傍　144
免疫　33

ら　行

臨界確率　192
ルール　128
連続データの作成　49
ロトカ・ボルテラ方程式　32

著者略歴

三井　和男（みつい・かずお）
1977 年　日本大学生産工学部数理工学科卒
1979 年　日本大学大学院博士前期課程修了
1995 年　博士（工学）
2009 年　日本大学教授
　　　　現在に至る

数学モデルを作って楽しく学ぼう
新 Excel コンピュータシミュレーション　　　© 三井和男　2010

2010 年 3 月 31 日　第 1 版第 1 刷発行　　【本書の無断転載を禁ず】
2020 年 2 月 28 日　第 1 版第 6 刷発行

著　者　三井和男
発 行 者　森北博巳
発 行 所　森北出版株式会社
　　　　東京都千代田区富士見 1-4-11（〒102-0071）
　　　　電話 03-3265-8341 ／ FAX 03-3264-8709
　　　　https://www.morikita.co.jp
　　　　日本書籍出版協会・自然科学書協会　会員
　　　　JCOPY ＜（一社）出版者著作権管理機構 委託出版物＞

落丁・乱丁本はお取替えいたします　　印刷／エーヴィス・製本／ブックアート

Printed in Japan ／ ISBN978-4-627-84871-9